U0884309

《生猪标准化健康养殖技术》

编著人员

主 编 著： 赵彦光

副主编著： 赵素梅 姚 俊 刘韶娜

编著人员： 张 斌 相德才 赵智勇 冷 静 胡清泉 杨明华 杨仁灿 常雅洁 王慧辉 全 伟 张桂生 沙 茜 郑欢莉

生猪标准化健康养殖技术

赵彦光 等 编著

中国农业科学技术出版社

图书在版编目（CIP）数据

生猪标准化健康养殖技术 / 赵彦光等编著. --北京：中国农业科学技术出版社，2022. 11
ISBN 978-7-5116-5885-2

Ⅰ. ①生… Ⅱ. ①赵… Ⅲ. ①养猪学－标准化 Ⅳ. ①S828

中国版本图书馆CIP数据核字（2022）第 154029 号

责任编辑 金 迪
责任校对 王 彦
责任印制 姜义伟 王思文

出 版 者 中国农业科学技术出版社
北京市中关村南大街 12 号 邮编：100081
电 话 （010）82106625（编辑室） （010）82109702（发行部）
（010）82109709（读者服务部）
网 址 https: // castp.caas.cn
经 销 者 各地新华书店
印 刷 者 北京地大彩印有限公司
开 本 170 mm × 240 mm 1/16
印 张 11.5
字 数 220 千字
版 次 2022 年 11 月第 1 版 2022 年 11 月第 1 次印刷
定 价 58.00 元

前言

PREFACE

中国自2018年8月发生非洲猪瘟疫情以来，全国养猪从业者开始思考，纷纷结合自己的生产实际，积极探索，尝试建立新的生物安全防护体系。这也为养猪业带来了新的挑战，今后“猪该怎么养，病该怎么防”成为从业者不得不面对的问题。

目前，我国养猪生产正发生着深刻的变革，传统养猪生产方式正在被现代养猪生产方式所取代，生产方式转变，必然产生新的生产技术与之相适应。而标准化养殖是实现生猪养殖向安全、优质、高效和可持续发展的必由之路，是今后养猪业的发展方向。

本书主要从标准化猪舍建设、品种选择、营养与饲料、饲养管理、常见疫病防控技术五个方面，以简明扼要的文字，图文并茂的方式，阐述科学养猪观念及技术，以期能使中小规模养殖场（户）“一看就懂、一学就会、一用就好”，使其在有限的条件下，快速掌握科学养猪技术，保障猪场安全，实现中小规模养殖场（户）的标准化养殖。

生猪标准化养殖就是针对生猪养殖生产现状，从资源、环境、生态和可持续发展的角度出发，以猪肉产品安全为重点，对生猪生产发展中的成熟经验和技术加以系统总结，以推动生猪养殖向规模化、集约化发展，力求形成一套优质、高效、安全、环保的生猪标准化养殖模式。

本书凝结了云南省畜牧兽医科学院、云南农业大学专家们的智慧，是研究者们多年科研工作的结晶，并总结了作者多年农村养猪技术推广应用实践经验。本书在编写过程中，得到了云南省科技厅、云南省农业农村厅、云南省12家种猪生产企业等单位的支持及技术指导，在此一并致谢！

鉴于作者水平有限，谬误难免，还望广大养猪专家及业界同人谅解，并提出宝贵意见。

编著者

2022年6月

养猪前的准备——自我评估

良好的市场前景和经济效益是投资者投资养猪业的动力和愿望，但大多数人对该产业的各生产环节及技术的了解还仅停留在传统的理解和想象当中，尤其是在非洲猪瘟常态化的背景下，由于疫病及市场等原因，导致猪肉供应短缺，价格一路飞涨，所以许多没有了解和从事过养猪业的老板开始蠢蠢欲动，摩拳擦掌，计划进入养猪行业。但进入这一行业的门槛早已提升到一定的高度，好多人都是一进入这一行业才发现现在的养猪业早没有事前预想得那么简单，不但需要很大的资金投入，而且还需要不断的技术支持、专业管理、科学布局等，回报周期与经济效益远没有预期的丰厚。更有甚者，刚一涉足养猪业，就先交付了昂贵的学费，造成了严重的经济损失，还无法及时抽身撤退，有种“一入猪业深似海”的感慨，在此，我们将结合多年来从事生猪养殖技术研究及指导生猪生产的经验与技术，撰写本书，以期为计划进入养猪业或者从事养猪业的同人提供一点参考和启发。

一、养猪的目标

目标是对行动预期结果的主观设想，是在头脑中形成的一种主观意识形态，也是行动的预期目的，为活动指明方向。大家可以仔细地回想一下，我们投资养猪业或者从事养猪业的目标是什么？不同的目标，就有不同的行为准则和管理方法，也就有不同的收获与报酬。有人说，我从事养猪业的目标是养猪赚大钱。如有这样的想法，我劝你不要从事或者尽快远离养猪业。因为养殖业所面对的核心是动物，那么，动物生长的自然规律是任何人、任何时期、通过任何手段都无法逾越，只能进行一定的提高与改进，但不能无休止的提高，达到一定的水平后，再要有提高，将会非常困难，甚至要付出非常大的努力。那么有人又问，从事养猪业的目标到底是什么呢？

我国是农业大国，根据国家统计局相关数据显示，我国农业从业人员

57 661万人，占比41.48%（2017年数据），那么作为一个农业大国，从事养猪业是农村事业的传承，也是脱贫攻坚及乡村振兴的主要抓手。对此我理解为，在广义上，从事养猪业的目标应该是：在获取一定利益的前提下，实现自我人生价值，对人民及社会做出贡献；而在狭义上，从事养猪业的目标则可以有多个，比如，养猪收入是家庭的唯一经济来源，即养猪专业户；养猪收入仅是家庭经济的补充；养猪仅为自己和亲人提供安全美味的肉食产品，解决食肉问题；养猪作为生活的调节剂，使生活更加丰富有趣等。不同的目标，付出的行动及预期的回报也不同。本书重点针对养猪专业户进行分析讨论。

二、养猪业的投资与回报

投资回报率是指人们从一项投资活动中得到的经济回报。投资回报率（ROI）=年利润或年均利润/投资总额×100%。

养猪业是一个纷繁复杂的行业，目前，已进入工厂化、标准化及智能化的阶段，从整个产业链上看，具有投资大、专业技术和从业人员要求高、生产周期长、产业链复杂、回报率低、风险大、抗风险能力差、总体利润率不高、产品价格倒挂等特征，一般短平快的金融资本不适合进入养猪业。所以养猪从业者或者投资者，需要有情怀，有素养，有道德底线，耐得住寂寞，需要长期学习和提高。

三、自身拥有的资源及条件

从事养猪业，需要有一些必要条件和资源，比如资金、土地、市场、技术、人员等，所以在从事一项事业之前必须要对自己拥有的资源和条件做一下客观的分析和评价（表1），对自己的不足或者可能在发展过程中出现的风险有一个初步的预判和预案，然后决定是否可以承担相应的后果，再科学设计相应的发展路线途径，通过自己的努力，最终达到自己的目标，这才是一个理性投资者应该具备的素质和要求。

表1　自身资源及条件评价　　单位：分

因素	非常丰富	基本满足	部分提供	无
资金	20	15	10	0
土地	10	8	6	0

（续表）

因素	非常丰富	基本满足	部分提供	无
技术	10	8	6	0
人员	10	8	6	0
种源	10	8	6	0
饲料	5	3	2	0
物料	5	3	2	0
检验	5	3	2	0
运输	5	3	2	0
市场	5	3	2	0
信息	5	3	2	0
政策	5	3	2	0
渠道	5	3	2	0

如果总分刚能达到60分，进入养猪行业有一定的风险，需要进一步查缺补漏，不断完善自己的条件，提升自己的抗风险能力。

四、需要学习和掌握的知识（技术储备）

1. 养殖场环境

随着环保政策实施和动物疫病频发，特别是非洲猪瘟这一毁灭性疫病的常态化，对养殖场的选址及环境建设提出了很高的要求，所以许多企业及投资人都面临着养猪场建设用地一地难求的困境，而且这也是养殖成败和养殖效益最大化的前提和基础，那么，就要学习一定的养殖场选址及环境建设知识。简单地用一句话来说，养猪场场址选择要求安全、便利、高效、舒适。

安全。有两方面的因素，一是周边居民的安全和养殖的猪只安全，二是人兽共患等疫病安全及生产管控安全等，但最主要的还是人兽共患等疫病安全，所以要求养殖场地为尽可能要相对偏僻独立的区域。

便利。因为养猪是一个需要大量能耗的过程，大批的物资需要定期运输，且生产过程中需要有水电路等生产必需条件，所以交通相对要便利。

高效。在生产过程中，每天都必须饲喂猪只和清理猪只的粪便，因此养殖场建设过程中必须要考虑此因素，尤其是非洲猪瘟的常态化下，在满足猪只正常的生理需求前提下，尽可能地减少人猪接触，这就要求对养殖场建设的工艺流程进行优化，同时结合自己的资金情况，尽可能采用自动化和智能化。

舒适。人们在不断追求高额利益的驱使下，对猪只的生长提出了越来越高的要求，但猪只作为动物，要得到很好的生长，必须要在一个舒适的环境下，开心地生活，才能将自己的生长潜能发挥到最大，这就对它的生存环境提出了更高的要求，尤其是在动物福利日渐被人们重视的前提下，怎么使猪只处于一个舒适的环境也是必须要考虑的因素之一。

2. 生产

在生产过程中，除了以上需要考虑的硬件条件外，还有一个重要的因素需要考虑，那就是从事生产的人，养殖是一个辛苦且枯燥的工作，需要从业者不怕脏不怕累，所以多年来大家讨论最多的就是养猪场的好员工太难找了，那么，怎么招聘和吸纳一批肯吃苦、愿奉献的员工，并且使大家互相团结，有很强的凝聚力等，这也是每一位养猪从业者必须考虑和面对的问题。

3. 营养与饲料

俗话说：“兵马未动，粮草先行”，要养好猪，其营养与饲料的生产供应是必须要考虑的前提之一。猪是杂食性的单胃动物，原本其对饲料和营养要求并不高，但由于人们不断追求生产效率，致使在生产当中，对猪的营养需要和饲料配制等，提出了很高的要求，专业化的饲料生产也发展成为高新技术产业。产品层出不穷，质量千差万别，因此从事养猪生产需要选择一家质量可靠、性价比高、供应稳定的饲料生产企业作为配套。

4. 疫病

疫病是养猪业健康发展必须要面对的重大风险，做好疫病防控是养殖效益产生的保证。因此在养猪之前，必须向有相应知识储备和执业资格的专业兽医人员咨询，获得对选址、规划、布局及生产工艺流程等专业的指导服务，同时，需要一定的硬件设施设备、相关的消毒品或者预防药物及生物制品等储备，另外，对相关的人员进行技术培训，树立“防重于治”的动物疫病管控意识，提高动物疫病防控能力，最好能有相关的技术储备或者合作关系储备，以免病急乱投医，造成不必要的损失。

5. 市场波动

使养猪效益最大化是每一位投资人和生产者追求的目标。养猪的效益是销售价格减去养殖生产成本后的剩余，销售价格是通过市场来实现的，所以市场是养猪产品销售和养猪效益实现最关键的环节，特别重要的因素是销售价格。由于养猪业生产及市场需求的特殊性，猪肉销售价格一直有周期性的波动存在，所以根据市场的波动规律，适当地调整和安排生产是每一位养猪管理者都必须具备的能力和素质，并需要时刻关注政治、经济、消费等信息，结合生产规律，进行一定的预判，并需要计划提前量。

目 录

CONTENTS

第一章

标准化猪舍建设

随着社会不断进步，养猪场规模越来越大，需要配备的人员也越来越多，养殖员工因有饮食、生活、生产、娱乐等生存需求，但碍于养猪场的特殊条件和工作环境，许多年轻人都不愿意进入养猪场工作，直接导致用工成本的增加，也给动物疫病的传播与流行创造了机会。随着非洲猪瘟等动物疫病常态化和复杂化，养猪的理念也正在发生着一些变化，早期养猪要“轻视治疗，重视预防”，发展到现在强调“防重于养，养防并重”。因此我们建议尽可能提高猪场智能化、自动化程度，可以在一定程度上减少劳动力数量，减少人员与猪体的接触机会，降低非洲猪瘟传染风险，提高生产效率。如果没有科学的、合理的设施设备，真正养好猪还是一句空话。

第一节　选　址

根据自己的生产及发展需要选择地块大小，选址要符合当地建设规划，初选后要与农业、规划、水利、环保、发改、林业、草原等部门对接，必要时查看当地规划。不能在旅游风景区、水源保护地等政府划定的禁养限养区内养殖，但可根据当地的自然环境，选择周围尽可能有可利用的自然隔离条件，且交通方便，水源、电力等使用便利的场地，对猪场生物安全有影响的因素（如主风向、海拔、日照、村庄、居民、化工厂、屠宰场）要有充分预想、预判和应对措施（增建挡风墙、保温设施、空气过滤净化设施等）。

一、地势地形

选择地势高燥的地块，同时地块所处地势至少要处于历史洪水水位线以上，且地下水位低于2 m。

二、向阳避风

地块处于避风向阳的地方，特别是不要处于山势的通风口，或者正对冬季主风向，而且阳光照射充足，但不要处于山顶，也要适当避开山谷谷底。

三、平坦而稍有坡度

在建设前，因情况对场址进行地面平整，根据地势平整至1～3° 的坡度利于排水，但坡度不要超过25° 。

四、面积

一般饲养100头能繁母猪、年产2 000头商品肉猪的自繁自养猪场，占地面积不得少于5亩；饲养500头能繁母猪，年产10 000～12 000头商品猪的大型猪场，占地面积30～50亩为宜。

第二节 平面布置

一、总平面布置

猪场总平面布置方案，应根据其项目组成、生产规模、工艺流程、卫生防疫、环保、消防、安全等具体要求，结合场址地形地貌，自然环境、气象等条件进行设计，为安全优质商品猪生产及管理创造出一个生产、生活方便，有利卫生与防疫，经济合理，美观的生产环境。

1. 合理分区，适当隔离

将整个场区分为生活办公区、生产区、辅助生产区、废弃物处理区等。各功能区之间保持合理的防护距离，防止交叉感染。

2. 符合工艺流程

结合场址自然条件，合理布置场区路网，保证生产运输方便、废弃物处理及输出便利；合理设置净、污道路及公共道路，公共道路及净、污道路之间无交叉污染，确保满足卫生防疫、环保和消防要求。

3. 选择建筑形式、适宜朝向和建筑间距

根据场区安全生产要求，本着经济、节能、高效、环保的原则，选择建筑形式（钢构、框架、砖混、土木竹）；根据地形面积、主风向等，选择南北或东西朝向，同时，因地制宜，设计建筑物抗震及防火等级，保持安全防火间距，保障消防道路畅通，确保安全生产。

4. 建立生物防护带

在围墙边及场区猪舍间的空地，尽量保持原有植被前提下，适当布局一些高低灌木、蔬菜或牧草地，不但美化了猪场，还会具有动物疫病生物隔离带的作用，防止水土流失。

5. 经济合理，技术可行

在满足以上要求的前提下，结合场址地形地貌，合理利用土地进行总平面布置，尽可能遵循物料及生产资料“由近到远、由多到少、由净到污”单一流动的布局设计，使方案技术可行，经济合理，美观、实用。

二、总平面布置方案

在确定项目方案前需对场址现场勘察，进行多方案设计比较，并会同建设单位进行充分的讨论研究，最终确定总平面布置方案。

总平面分别由生活办公区、生产区、辅助生产区和废弃物处理区等功能区组成。

生活区位于场区的上风向或与主风向错开，由综合楼、食堂、消毒间及药品库、绿化广场等组成，环境优雅，位置适宜。

生产区布置在场区上风向，由配种舍、怀孕舍、分娩舍、保育舍、生长育肥舍、隔离舍等组成。

辅助生产区布置在生产区附近，主要进行生产资料储备制作、清洗消毒等工作，一般有饲料原料库、物资储备库、饲料加工车间等。

废弃物处理区位于下风向，由剖检室、污水及猪粪处理系统、病死猪无害化处理区等组成。

场区内各猪舍间间距为7～10 m，生活区与生产区之间间距不小于30 m。

第三节 规划布局

“不要把所有鸡蛋放在一个篮子里”是所有人都明白的风险规避方法，当然，在非洲猪瘟肆虐的当下，这一理论在猪场设计上也同样适用。就是说，“小规模，多点式”建设布局将是一种发展趋势（图1-1）。

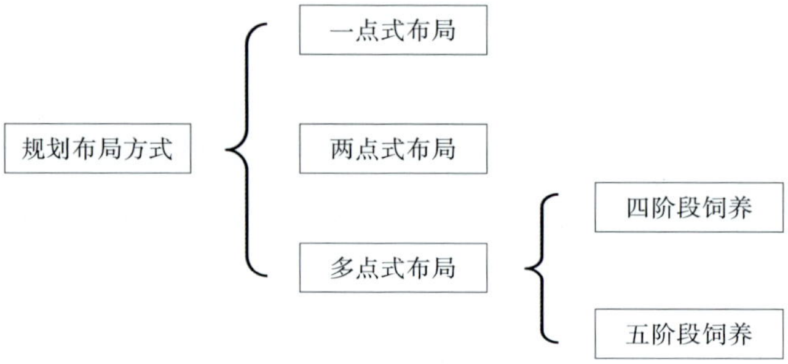

图1-1　猪场设计规划布局

比如建设一个年出栏1万头自繁自养养猪场，以前，为了方便管理与生产，猪场大多采用一点式布局，即在一个地点完成猪的配种、分娩、保育、生长及育肥出栏全部生产工艺。在非洲猪瘟等动物疫病流行背景下，实行拆分，采用两点式或者多点式进行布局。

两点式布局：即在一个场区进行配种、分娩、保育，在另一个场区进行生长、育肥出栏工艺，且两个场区至少需要有1 000 m以上的安全隔离地带。

三点式或多点式布局：即在一个场区进行母猪配种、妊娠、分娩，第二个场区进行仔猪保育，第三个场区内进行生长育肥。三个场区相互间隔不小于1 000 m。也可以一个场区进行配种、分娩、保育，另外两个场区进行生长育肥（图1-2）。

图1-2　三点式布局图及实景图

第四节 组织生产工艺

确定生产工艺是设计猪场时必须考虑的内容，生产工艺合理与否决定着生产效率的高低，确定生产工艺需要考虑以下内容。

一、确定饲养模式

一般需要根据经济、气候、能源交通等综合条件，以及猪的品种、养殖规模、养猪技术水平来确定。主要包括：饲养方式、饲喂方式、饮水方式、清粪方式、配种方式等。如果是集约化饲养，可采用公猪与待配母猪同舍饲养，也可采用分舍饲养，母猪可采用定位饲养和小群饲养。如果规模太小，采用定位饲养则会投资高、栏位利用率低、每头出栏猪成本高，取得的经济效益不明显。配种方式一般主要有两种，即猪与猪相互交配（本交）和人工授精。

二、确定生产节拍

生产节拍也称为繁殖节律，是指在一定的时间内，母猪进行交配受胎后组成一定规模的生产群，相邻母猪群生产转群的时间间隔（天数）。生产节拍是全进全出工艺的前提，是有计划利用猪舍和合理组织劳动管理、均衡生产商品肉猪的基础。因为猪的发情期为21天，是7的倍数，繁重的技术工作和劳动任务安排在一周5天内完成，避开周末；有利于按周、按月和按年制订工作计划，建立有序的工作和休假制度，减少工作的混乱性和盲目性。一般根据猪场规模制订，目前大部分猪场采用的是1天、7天、28天制。年产5～10万头商品肉猪的大型企业多实行1～2天制，即每天有一批母猪配种、产仔、断奶、仔猪保育和肉猪出栏；年产1万～3万头商品肉猪的企业多实行7天制；而规模较小的养猪场一般采用28～30天制。

三、确定工艺参数

为了准确计算猪群结构即各类猪群的存栏数、猪舍及各猪舍所需要栏位数、饲料用量和产品数量，必须根据猪的品种、生产力水平、技术水平、经营管理水平和环境设施等，实事求是地确定生产工艺参数。

养猪场的工艺参数涉及生产的各个环节，数量比较多，关系比较复杂，但一般以母猪的繁殖周期和母猪的年生产窝数为基础进行设置。

1. 母猪繁殖周期

母猪的繁殖周期是指母猪完成一个胎次生产所需要的天数。与妊娠期、哺乳期及断奶至受胎时间有关。母猪的妊娠期一般为114天；母猪哺乳期一般为28～35天，也有少数场采用21天饲养管理方式；母猪的非生产天数（断奶至受胎时间）与场内的受胎率相关，正常时间为断奶后4～10天，但如果配种没有成功，错过了一个发情期，则需要延长21天左右。母猪的繁殖周期计算公式如下：

母猪的繁殖周期=妊娠期+哺乳期+断奶至受胎时间

=114+28+10+21×（1-情期受胎率）

=152+21×（1-情期受胎率）

由上式可见母猪的情期受胎率每增加5%，繁殖周期减少1天，即当情期受胎率分别为90%、95%和100%时，繁殖周期约为154天、153天和152天。

2. 母猪的年产窝数

母猪的年产窝数是指母猪一年所生产的胎次数量。与母猪的繁殖周期成反比，如果母猪的繁殖周期延长，则母猪的年产窝数就会下降（表1-1）。计算公式如下：

母猪年产窝数=（365×分娩率）/繁殖周期

$$=\frac{(365\times\text{分娩率})}{114+10+\text{哺乳期}+21\times(1-\text{情期受胎率})}$$

表1-1　母猪年产窝数与情期受胎率、仔猪哺乳期的关系

情期受胎率（%）		80	85	90	95	100
母猪年产窝数（窝）	21天断奶	2.32	2.34	2.36	2.37	2.39
	28天断奶	2.22	2.24	2.25	2.27	2.28
	35天断奶	2.13	2.14	2.15	2.17	2.18

3. 猪场常用的工艺参数

当把母猪的繁殖周期及年产窝数概念搞清楚后，就可以确定出其余的工艺

参数，表1-2是目前正常生产状态下的自繁自养年生产1万头小规模猪场常用的工艺参数，供大家参考。

表1-2　万头猪场常用的工艺参数

项目	参数	项目	参数
妊娠期（天）	114	**出生至180日体重**	
哺乳期（天）	35	初生重（kg）	1.2
保育期（天）	28 ~ 35	35日龄（kg）	6.5
断奶到受胎（天）	7 ~ 14	70日龄（kg）	20
繁殖周期（天）	159 ~ 163	180日龄（kg）	120
母猪年产胎次（次）	2.24	**平均日增重**	
母猪窝产仔数（n）	12	出生 ~ 35日龄（g）	156
窝产活仔数（n）	11	36 ~ 70日龄（g）	386
PSY	26.88	71 ~ 180日龄（g）	909
出生时（n）	24.64	公母猪年更新率（%）	33
35日龄（n）	22.18	母猪情期受胎率（%）	85
70日龄（n）	21.07	公母比	1：（80 ~ 120）
180日龄（n）	20.65	圈舍冲洗消毒时间（天）	7
成活率		繁殖节律（天）	7
哺乳仔猪（%）	90	周配种次数	1.2 ~ 1.4
断奶仔猪（%）	95	母猪临产进产房时间（天）	7
生长育肥猪（%）	98	母猪配种后原圈观察时间（天）	21
每头母猪年产肉量（kg）	1 858.5		

注：PSY指每头母猪每年所能提供的断奶仔猪头数。

第五节　核算猪群结构

为减少固定设施设备的投入成本，就必须提高设施设备的使用率，一般按全进全出均衡生产模式进行设计。在确定了生产模式、生产节拍和工艺参数后，就可以计算相应的猪群结构了。为了最大限度地利用猪群、猪舍和设备，提高生产效率，根据猪场规模、生产工艺流程和生产条件，将生产过程划分为若干阶段，不同阶段组成不同类型的猪群，计算出每一类群猪的存栏数量就形成了猪群结构（表1-3，表1-4）。以自繁自养年生产1万头的猪场为例计算，步骤如下：

一、根据生产节拍计算各猪数量

$$年产总窝数=\frac{计划年出栏头数}{窝产活仔数\times 从出生到出栏的成活率}$$

$$=10\ 000/（11\times 0.9\times 0.95\times 0.98）\approx 1\ 085（窝/年）$$

每个节拍转群头数（繁殖节律=7），每年按365天计，则有52周。

周产仔窝数=1 085 ÷ 52≈21窝，每周分娩哺乳母猪数为21头；

周妊娠母猪数=21 ÷ 0.95≈22头，分娩率为95%；

周配种母猪数=22 ÷ 0.80≈28头，情期受胎率为80%；

周哺乳仔猪数=21 × 11 × 0.90≈208头，成活率90%；

周保育仔猪数=208 × 0.95≈198头，成活率95%；

周出栏生长育肥猪数=198 × 0.98≈194头，成活率98%。

二、各类猪群组数

生产以7天为节拍，故猪群组数=饲养的周数。

三、猪群的结构

各猪群存栏数=每组猪群头数 × 猪群组数

生产母猪的头数为：5 × 28+12 × 22+6 × 21=140+264+126=530头。

公猪、后备猪群的计算方法如下：

公猪数：530 ÷ 80≈7头，公母比例为1：（80 ~ 120）；

后备公猪数：7 ÷ 3≈2头，年更新率=33.33%；

后备母猪数：530 ÷ 3 ÷ 52 ÷ 0.5≈7头/周，年更新率=33.33%，留种率50%。

表1-3　万头猪场猪群结构

猪群结构	饲养周期（周）	组数（组）	每组头数（头）	存栏数（头）	备注
空怀配种母猪	5	5	28	140	配种后观察21天
妊娠母猪群	12	12	22	264	
哺乳母猪群	6	6	21	126	
哺乳仔猪群	5	5	208	1 040	按出生数计
保育仔猪群	5	5	198	990	按转入数计
生长育肥猪	16	16	194	3 104	按转入数计
年后备母猪群	52	52	7	364	8个月配种
公猪群	52	0	0	6	不转群
后备公猪群	52			3	9个月使用
总存栏数				5 841	最大存栏数

表1-4　不同规模猪场猪群结构（参考）

猪群种类	存栏数量（头）					
生产母猪	100	200	300	400	530	600
空怀母猪	25	52	79	106	140	158
妊娠母猪	50	100	149	199	264	299
哺乳母猪	24	48	72	95	126	143
年留后备母猪	33	67	100	133	182	200
公猪（含后备）	2	3	4	5	6	7
哺乳仔猪	196	392	589	785	1 040	1 177
保育仔猪	187	374	560	747	990	1 120
生长育肥	586	1 172	1 757	2 343	3 104	3 514
总存栏	1 104	2 208	3 312	4 417	5 852	6 625
全年出栏商品猪	1 905	3 810	5 710	7 614	10 088	11 420

第六节　配备猪栏及设备

养猪生产能否按照工艺流程进行，产生较好的经济效益，关键是猪舍和栏位配置是否合理。在计算得到猪群结构和数量后，就需要计算栏位数量。

一、计算栏位数量

各饲养群猪栏分组数=（猪群组数+消毒空舍时间）÷生产节拍（7天）；

每组栏位数=每组猪群头数÷每栏饲养量+机动栏位数；

各饲养群猪栏总数=每组栏位数×猪栏组数。

如果采用空怀待配母猪和妊娠母猪小群饲养，哺乳母猪网上饲养，消毒空舍时间为7天。以年自繁自养出栏1万头商品猪为例，根据以上公式得到栏位数量（表1-5）。

表1-5　自繁自养万头商品猪场各猪群栏位数量

猪群种类	猪群组数（组）	每组头数（头）	每栏饲养量（头）	猪栏组数（组）	每组栏位数（个）	总栏位数（个）
空怀配种母猪群	5	28	4～5	6	6	36
妊娠母猪猪	12	22	2～4	13	6	78
哺乳母猪群	6	21	1	7	19	133
保育仔猪群	5	208	8～12	6	20	120
生长育肥群	16	194	8～12	17	20	340
公猪群（含后备）	—	—	1	—	—	7
后备母猪群	22	182	4～6	24	2	48

二、计算栏位面积

猪栏要有足够面积，猪群密度不能太大。猪栏面积与猪只品种、大小、地面结构、气候环境都有密切关系。表1-6给出了各类型猪最小占地面积，可根据其最小占地面积，确定栏位数，同时结合地形，确定猪舍面积和猪舍数量，绘制总体规划布局图。

表1-6 每头猪需要的占地面积（m^2/头）

猪群类别	实体地面（m^2）	漏缝地板（m^2）	猪群类别	实体地面（m^2）	漏缝地板（m^2）
种公猪	5~7	4~6	后备公猪	5~7	4~6
群养母猪	1.5~2	1.4~1.6	限位母猪	1.2~1.4	1.2~1.4
群养哺乳母猪	4~6	4~6	限位哺乳母猪	5~5.5	4~4.5
断奶仔猪	0.3~0.5	0.3~0.5	网上断奶仔猪	0.3~0.5	0.3~0.5
生长猪	0.6~0.9	0.4~0.6	育肥猪	1.2~1.4	0.9~1.2
后备母猪	2~3	2~3			

第七节 猪舍设计

根据栏位数，计算每栋猪舍的数量及面积大小，结合场区的面积，建设条件及生物安全隔离、消毒等要求规划猪舍数量及建筑风格。舍型的选择取决于诸多因素，猪场所在地区的气象因素则是其中最重要的一个因素。南方地区夏季气温较高、湿度较大，因此猪舍型式的选择必须遵循以隔热为主，兼顾防寒、防潮的原则，北方地区冬季较寒冷，因此猪舍型式的选择以保温防寒为主。目前，猪舍型式主要有封闭式、半敞开式和全敞开式等，以封闭式最多。

一、配怀舍

配怀舍主要是后备母猪配种、经产母猪断奶后和妊娠诊断前的养殖场所（图1-3）。在非瘟防控常态化下，自动化设施设备改造或者升级等是抵御风险最好的方式。目前“以限位栏设置为主，小栏散养为辅”的生产形式，配备人工饲喂和自动饲料供应线、自动饮水供应线，注意粪尿排放及清洗消毒，通风换气、防止极端天气等问题，是其余猪舍的基础舍。

图1-3　配怀舍

二、妊娠舍

妊娠舍是母猪配种经诊断确定已怀孕后的养殖场所（图1-4）。小规模的养猪场一般没有明确区分，只是在配怀舍内进行栏位的分配和调整。设施布局要求与配怀舍类似。

图1-4　妊娠舍

三、分娩哺乳舍

分娩哺乳舍又叫产房，是母猪生产仔猪及哺育仔猪的地方，也是猪场内生产效率的核心区（图1-5）。故而在各种设施的配置上要求比较高。在妊娠舍的基础上增加了保温和通风设施。设计制作的母猪产床，有“高位饲养，干净卫生，母子隔离，温度可控，方便管理”等特点，是提高仔猪成活率的重要保障。

图1-5　分娩哺乳舍

四、保育舍

保育舍是仔猪断奶后的养育场所，一般与产房相近，为了减少仔猪的断奶及换料应激，里面主要还是以保温、清洁为主，一般都是现成的保育高床（图1-6）。主要是满足清洁卫生条件。

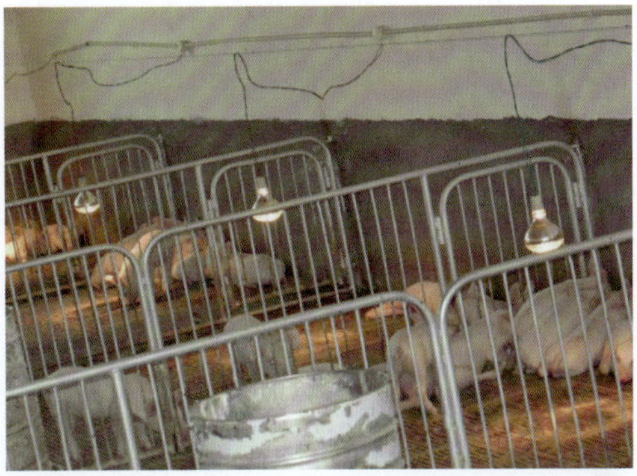

图1-6　保育舍

五、生长育肥舍

仔猪保育结束后，就转入了生长育肥舍，一般情况下，生长育肥舍是群养，相关的设施比较简单（图1-7）。主要保证一定的饲喂及饮水、易于打扫就可以了。但在非洲猪瘟防控常态化下，建议栏内尽可能光滑、易清洗消毒。

图1-7　生长育肥舍

六、公猪舍（含后备公猪舍）

可以单独设公猪舍，一猪一圈（栏），配建相关的运动场或者运动通道，小规模猪场也可以在配怀舍一定区域内设置（图1-8）。

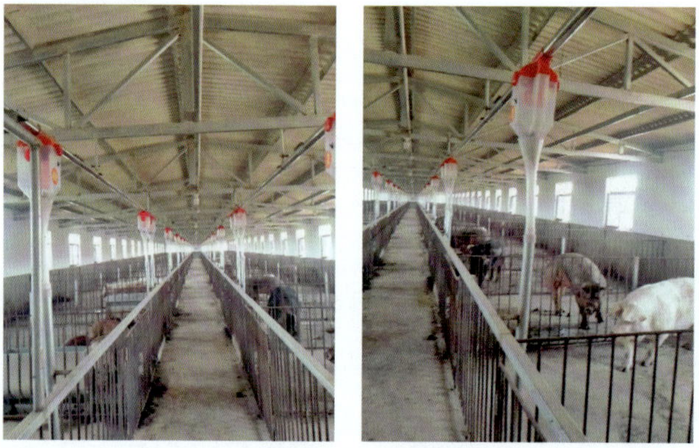

图1-8　公猪舍

第八节　粪污收集

在选址时，应该对环保条件做一个基本的预判，在设计规划时首先考虑环保问题，目前比较广泛使用的无害化处理模式有：干清粪、水泡粪、生态发酵床等方式。

一、粪污收集

1. 水冲粪

饲养员需要每天数次用高压水枪，将猪排放的粪尿冲入排粪沟，粪污顺排粪沟分别集中于集污池，并经排污泵泵到粪污处理区，该工艺能及时有效地消除猪舍内的粪便、尿液，保持猪舍内环境卫生，减少粪污处理过程中的劳动力投入，提高养猪场自动化管理水平。该工艺的优点是，保持猪舍内环境清洁，有利于猪只与工人健康，减小劳动强度，效率高，在劳动力缺乏、水资源丰富、排污方便的地区较为适用；缺点是耗水量大，污染物浓度高，经固液分离后固体部分养分含量低，肥料价值低。

2. 干清粪

猪的粪尿一产生，便利用漏粪地板进行初步的固（粪）液（尿）分离，然后由人工或机械对粪便进行收集、清扫和运输到固体粪便处理区堆放处理，尿及污水则由排污管道集中在集污池进行下一步处理（图1-9）。该工艺能及时有效地清除猪舍内的粪便、尿液，保持猪舍环境卫生，减少粪便清理过程中的用水，保持了固体粪便内所含的营养物质，提高粪便有机肥肥效，也减少污水排放量，降低了后续污水处理的成本，但工人的劳动强度有所增加。可采用人工清粪和机械清粪两种方式。人工清粪只需要一些简便的清扫工具（如粪铲、小推车等），投资较少，但工人劳动强度较大，效率不高；机械清粪则可以减轻劳动强度，提高劳动效率，但投资较大，且运行成本（电费、维护）较高。两种方式都可做到初步的固液分离，污水排放量相对较少，后面粪污处理成本相对较低。

图1-9　干清粪工艺

3. 水泡粪

该工艺一般用于育肥猪舍，但现在的楼房猪舍等一些自动化程度较高的场内也有此工艺。猪场建设前期，在猪舍地面先建设一个深约1.5 m且有防水功能的集污池，上铺全漏缝地板，在进猪前先向集污池中注入约80 cm深的水，猪只所排泄的粪尿、冲洗用水和猪只饮用漏水，经漏缝地板全部排入集污池，储存一定时间后（一般为2～4个月），待集污池到1.2 m高时，打开集污池的出口闸门，利用虹吸原理或者排污泵将所有污物抽吸到猪场统一的粪污处理区进行下一步的处理（图1-10）。该工艺可保持猪舍内地面环境清洁，劳动强度小，粪污产生量少，有利于粪污处理。但由于粪便集污池在猪舍地下，且长期收集储存猪只产生的粪污，粪污经厌氧发酵会产生大量的有害气体，导致猪舍内空气质量比较恶劣，影响猪只健康，因而需要配套强大的通风系统，固定投资较大，而且还存在收集后的粪污经固液分离后，污水污染物浓度较高、固体部分有机肥肥效低等问题。

图1-10　水泡粪工艺

4. 生态发酵床

在建设猪舍时，建设深约80 cm的垫料池，在进猪前铺装40～60 cm厚的垫料（锯末、稻壳及相应的菌种），猪只的粪尿直接排放于垫料上，利用有益微生物发酵，长期持续地将动物粪尿转化为有机质，然后定期翻动、更换和清理垫料粪污混合物，实现无污染，零排放的目标，且能保持猪舍内的温度与卫生。该工艺可节约保暖投资和水电费用，地面松软，能满足猪只拱土习性，并减少肢蹄病的发生；但粪便需要定期人工填埋，垫料需要定期翻倒和更换，劳动强度大，成本高，且温湿度不易控制，容易滋生有害微生物，饲养密度较小，不适用于规模化饲养。

二、不同粪污收集工艺的比较

表1-7所示为各清粪工艺的比较，请大家结合自己的条件，自行选择使用。

表1-7　各类清粪工艺的比较

清粪工艺	耗水	耗电	耗工	维护费用	投资	后处理难易度	舍内环境
水冲粪	多	少	少	少	中	难	好
人工干清粪	少	少	多	少	少	易	中
机械干清粪	少	多	中	高	高	易	中
水泡粪	中	中	少	少	高	难	差
生态发酵床	少	少	多	高	中	易	中

第九节 粪污处理工艺

一、固体粪污处理工艺

1. 自然发酵

粪便经固液分离后，将固体部分集中堆放于堆粪场，自然堆腐熟化后，达到GB 18596—2001要求后，作为有机肥料使用（图1-11，图1-12）。这种方法比较简单，成本较低，但需要的占地面积大，臭味较大，导致场区卫生条件和环境差。目前仅存在于规模较小、远离居住区、土地宽广并配套有一定的种植用地的经济欠发达地区。

图1-11　干湿分离工艺

图1-12　自然堆熟

2. 好氧堆肥

在敞棚下，将固体粪便铺堆成高约1 m的粪堆，同时均匀加入一定种类和数量的微生物，进行自然发酵；随后根据堆内温度，进行人工或机械翻倒，使好氧微生物在适宜的水分、酸碱度、碳氮比、氧气和温度条件下，将固体粪污中的有机质分解生成无害腐殖质肥料，堆腐时间一般为3～6个月。如采用塑料大棚堆腐时间为20天左右，采用发酵塔堆腐时间为7～10天，然后进行烘干处理（图1-13）。这种方式，可以节约时间和土地，提高效率，但劳动力成本较高，臭味大，场区卫生条件差。一般中小规模的养殖场会采用这种处理方法。

图1-13　好氧堆肥

3. 自动高温发酵

粪便通过干湿分离设备后，送入自动发酵罐内，通过程序设定，进行混合、搅拌、控温、通气等控制，使固体粪污在90～95℃高温处理发酵，一般经过24 h，就可将病菌、寄生虫卵、草籽等彻底杀灭失活，避免二次污染（图1-14）。该方法占地面积小，发酵处理时间短，没有后续污染风险。但需要投资相应的干湿分离设备及全自动发酵罐，投资及运行成本高，一般集约化的大型养殖场目前都采用这种处理方式。

图1-14　自动高温发酵

4. 媒介处理

通过引入处理媒介（如水虻、蚯蚓、蝇蛆）等，对固体粪污进行二次利用或处理，使其中的一部分有机质转化为动物蛋白，同时改变了固体粪污的质地及形态（图1-15）。这样可以使粪污得到二次资源化利用，并获得一定量的动物蛋白，但由于处理工艺复杂，周期长，场地面积大，劳动力成本比较高。所以目前仅有部分小规模的猪场进行试验和探索。

图1-15 黑水虻处理固体粪污

5. 不同的固体粪污处理方式比较

见表1-8。

表1-8 不同的固体粪污处理方式

处理工艺	发酵温度（℃）	发酵时间（天）	处理周期（天）	配套土地	散发臭味	成本投资
自然发酵	60～70	15	40	少	大	小
好氧堆肥	60～70	7	14	多	大	较大
自动高温发酵	90～95	1	5	少	小	大
媒介处理	40～50	7	10	多	小	大

二、污水处理

1. 过滤沉淀后还田

图1-16 三级过滤沉淀处理污水

配套建设一定数量及容积的污水过滤池和沉淀池，猪场内的污水（尿液）通过沉淀过滤后，排入沉淀池内，进行自然发酵曝气后，排放以供场区内绿化及配套消纳农田等利用，还必须定期清理池底的固体粪污（图1-16）。该方法建设简单，操作方便，成本较低，但对污水处理不彻底，且处理效率低下，需要建设足够体积的储水池，还需要定期清淤，猪场周边及场内需要配套大量的消纳农田，目前仅有小规模养猪场采用。

2. 沼气处理利用

污水（尿液）经过格栅（固液分离）后，进入厌氧池进行发酵，产生沼气，然后沼液还田，沼渣还田或生产有机肥（图1-17）。该方法污水的运转费用较低，可以利用一部分有机质经过厌氧发酵生产出沼气，供养猪场生产生活使用。但固定投资成本较大，且需要专人管理，配套大量的消纳农田。该方式目前使用于土地和资金都比较雄厚的规模养猪场。

图1-17　沼气处理污水

3. 沼液自动化深度机械净化处理

对经厌氧发酵处理后的沼液，经过污水处理设备（有电解、离子交换、超滤等）进行系统处理，达到国家灌溉用水排放标准后排放（图1-18）。该方法占地少，适应性广，不受地理气候条件限制，处理效果持续稳定，处理后的水可以达到国家的排放标准。但固定设施投资大，运行成本高，机械设备多，维护管理复杂，一般集约化的养猪场采用。

图1-18　沼液自动化深度机械净化处理污水

4. 媒介利用处理

对沉淀发酵曝气后的污水，进行适当稀释，并引入处理媒介（如狐尾藻、水培植物等），对污水中的有机质进行再次利用，降低污水的COD（化学需氧量），达到减排目的（图1-19）。虽然该方法投资少，运行成本低，对污水处理效果好，但需要处理时间较长，对当地的气温有一定的要求，还需要建设足够体积的储水池，需配套大量的消纳农田。目前只有小规模的养殖场使用。

图1-19　狐尾藻处理污水

第十节　相关配套设计

现代养猪应用许多机电设备：自动供水、供电、供料，环境控制设备，猪舍设计要充分了解各种设备的安装要求，做好各种预埋件、预留孔和支承平台的设计，以便设备顺利安装，节约改造成本。

一、自动投喂

需要配建集中饲料储存仓及自动同步落料或差异化下料等系统，需要根据饲养规模、养殖数量及采食位等进行设计安装，该系统是在三相交流电动机的带动下，刮板式链条通过管道，将饲料从集中饲料储存仓运送到猪舍，料线管道从猪只采食的食槽上面经过，在每一个食槽位置，留有一个三通下料口，饲料在链条的带动下，自动地流入食槽中。每天可以设置多个时间段投喂供料，到设定开启时间三相交流电动机自动接通电源，带动刮板链条，开始投喂。一般是每个限位栏（产床）设置一个采食位（图1-20，图1-21）。

图1-20　同步自动投料系统

图1-21　母猪自动饲喂站

二、自动供水

需要配建水塔和相应的自动供水系统，包括控制水压、水温等，终端饮用设备建议使用饮水碗，好处在于可使猪只充分喝水，节约用水，并避免呛猪，其安装的位置最好在栏圈后方，并高度可调，一般距地面10 cm（乳仔猪）和30 cm（其他猪）高处，每8～10头猪可以配一个饮水碗（图1-22，图1-23）。

图1-22　自动供水系统

图1-23　自动饮水碗

三、自动环境控制系统

由于猪只没有汗腺，猪只对温度比较敏感，大猪怕热，小猪怕冷，温度不宜会影响猪只的增重、饲料报酬及其健康。因此对温度的控制要求比较高，自动环境控制系统如图1-24所示，具体环境温度设置参数指标见表1-9。

猪只对湿度与温度感应是相互关联的，一般母猪和仔猪舍相对湿度需要控制在60%～70%，生长猪舍相对湿度控制在65%～75%为宜。

图1-24　自动环境控制系统

表1-9　规模化猪场智能温控系统环境温度设定指标

区域	时段/体重	舒适温度（℃）
种公猪、空怀母猪、母猪妊娠前		14 ~ 16
配种/妊娠舍区		17 ~ 20
产房内	母猪进产时	16 ~ 28.9
	分娩时	25 ~ 28.9
	哺乳母猪	20 ~ 24
	仔猪区	30 ~ 35
	仔猪10日龄	23.9 ~ 28.9
	仔猪17日龄	22.2 ~ 27.8
	到断奶时	20 ~ 23.3
育仔舍	开始	25 ~ 28.3
	第2周	23.9 ~ 27.2
	第3周	22.8 ~ 26.1
	第4周	21.1 ~ 24.4
	第5周	19.4 ~ 22.8
育成舍	开始	22.8 ~ 25.6
	第2周	21.1 ~ 24.4
	第3周	19.4 ~ 22.8
	第4周	17.8 ~ 20.6
肥猪舍	30 ~ 60 kg	18 ~ 22
	60 kg至出栏	17 ~ 21

另外猪舍内通风同呼吸道疾病关系很大。舍内饲料、粪尿的发酵或腐败，会造成猪舍内NH_3、H_2S、CO_2等有害气体超标，直接影响猪的食欲、增重，饲料利用率和健康状况，故猪舍应注意经常清扫，清除粪尿和剩余饲料，同时注意通风换气，保持猪舍空气新鲜。农户养猪舍内要设置对流窗户，窗户下沿要高于地面1 ~ 1.5 m。规模猪场一般在三墙或房顶设置抽（排）气扇（图1-25），以保持环境质量（表1-10）。

图1-25　无动力自动换气扇

表1-10　猪舍空气卫生指标

CO_2	H_2S	NH_3	细菌
≤0.15%	≤10 mg/kg	≤20 mg/kg	≤35万CFU/m^3

一般集约化的猪场都采用猪舍环境控制系统，其主要包括温度控制、湿度控制、空气质量控制系统，分别与风扇、水帘、加温、温湿度感应探头、空气质量感应探头等连通，相互配合，协同工作，对猪舍的温湿度及NH_3、H_2S等气体进行监测，同时启动工作。如办公室、技术检测、研发中心、辅助生产工程、消毒室、饲料间及药品房、公用工程、配电室、水塔、污水处理工程、服务性（绿化）工程等。

第二章

品种选择

第一节 引进品种

1. 大约克（Yorkshire，简写为Y）

大约克猪，又称大白猪，大约克夏猪，原产于英国约克郡及其邻近地区，由英国约克郡本地猪与中国猪种、英国莱塞斯特猪杂交育成，1852年正式确定为新品种，有大约克和中约克。目前我国引入有法系、英系、美系、瑞系、丹系和加系等大约克（图2-1）。

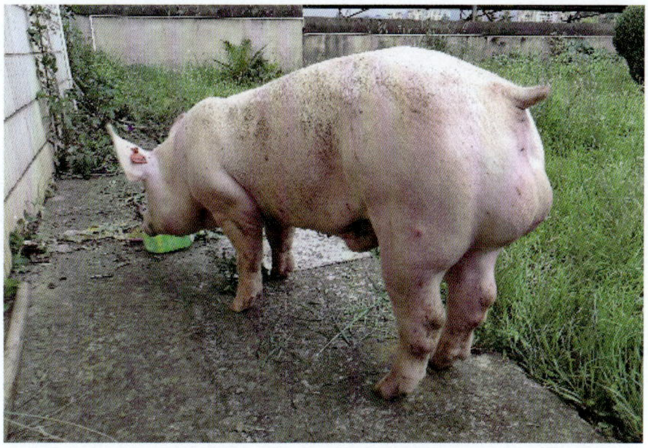

图2-1 大约克公猪

大约克猪全身被毛白色，头大小适中，鼻面直或微凹，耳向前上方直立，背腰平直，后躯丰满，体躯呈长方形，肢蹄健壮，乳头数7对。

大约克猪初情期5月龄，成年公猪体重250～300 kg，成年母猪体重200～260 kg。后备公猪6月龄体重90～100 kg，后备母猪体重85～95 kg。初产母猪产仔9～10头，产活仔8头以上，初生窝重12 kg以上。三胎以上经产母猪产仔11～12头，产活仔10头以上，初生窝重13 kg以上。21日龄窝重

60 kg以上，断奶仔猪数9～10头，哺育率95%以上。30～100 kg阶段日增重700～950 g，155～170天达100 kg体重，100 kg时活体背膘13 mm以下，料重比（2.3～2.6）：1（表2-1）。体重100 kg时屠宰，屠宰率为72%～75%，胴体瘦肉率63%～66%，肌内脂肪2.00%左右。

表2-1 大约克种公猪生长性能测定成绩

数量（头）	始测日龄（天）	始测体重（kg）	结测日龄（天）	结测体重（kg）	日增重（g）	日采食量（g）	料重比	达100 kg日龄（天）	100 kg活体背膘（mm）
43	82.64 ± 12.83	29.80 ± 3.28	170.28 ± 11.10	94.57 ± 4.59	713 ± 26	1 668 ± 114	2.35 ± 0.07	185.97 ± 17.03	11.20 ± 0.53

国外在猪三元杂交生产中，常用大约克做母本或第一父本。国内多用大约克做父本与地方猪种杂交，或者以大约克做三元杂交中第一或第二父本，如长白×大约克×太湖，长白×大约克×金华等。大约克也被广泛用作终端父本或外三元第一母本及第一父本，如杜洛克×长白×大约克（DLY）或杜洛克×大约克×长白（DYL）。大约克猪做亲本杂交，有良好的利用价值。

2. 长白猪（Landrace，简写为L）

长白猪原产于丹麦，是由大白猪与丹麦土种猪杂交育成。目前引入的有法系、英系、瑞系、加系、丹系等（图2-2）。

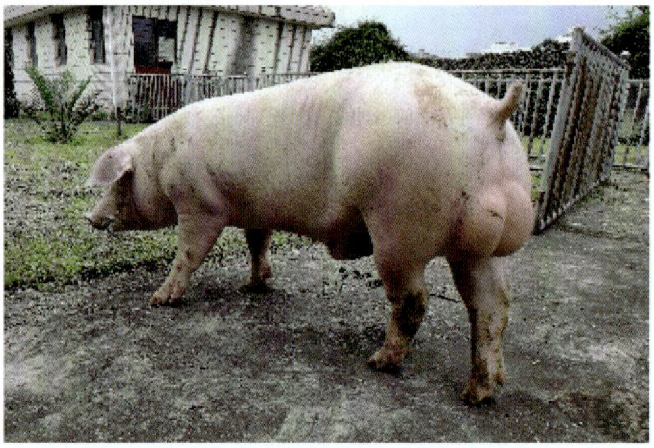

图2-2 长白公猪

长白猪体躯长，被毛白色，头小颈轻，鼻嘴狭长，耳较大，向前倾或下垂。背腰平直，长躯发达，臀腿丰满，整体呈前轻后重，体躯呈流线型，外观清秀美观，体质结实，四肢坚实。乳头数7～8对。

长白猪比大白猪性成熟稍晚，公猪6月龄性成熟，8月龄配种。成年长白公猪体重250～350 kg，成年长白母猪体重220～300 kg；后备公猪6月龄体重90～95 kg，后备母猪6月龄体重85～90 kg。初产母猪产仔10头以上，产活仔

9头以上，初生窝重11 kg以上；三胎以上经产母猪产仔11头以上，产活仔10头以上，初生窝重13 kg以上。21日龄窝重50 kg以上，断奶仔猪数9～10头，哺育率95%左右。30～100 kg阶段日增重800～900 g；达100 kg体重日龄为165～175天，料肉比（2.40～2.80）：1（表2-2）。100 kg时屠宰，屠宰率72%～75%，胴体瘦肉率64%～68%，肌肉脂肪2%左右。

表2-2 长白种公猪生长性能测定成绩

数量（头）	始测日龄（天）	始测体重（kg）	结测日龄（天）	结测体重（kg）	日增重（g）	日采食量（g）	料重比	达100 kg日龄（天）	100 kg活体背膘（mm）
29	80.88 ± 11.14	37.61 ± 7.19	187.99 ± 6.07	104.48 ± 7.61	680 ± 54	1 708 ± 295	2.76 ± 0.41	183.03 ± 3.94	11.32 ± 0.52

国外在猪三元杂交生产中，常用长白猪做母本或第一父本。国内多用长白猪做父本，或者以长白猪做三元杂交中第一母本或第一父本，如长白×太湖，杜洛克×长白×大约克（DLY）。在商品猪生产中，长白猪被广泛用作洋土二元杂母猪的第一父本品种或终端父本，在外三元杂交中的第一父本或第一母本（DLY或DYL），均获得较好的杂交效果。但长白猪还存在体质较弱、抗逆性较差，对饲养条件要求较高等缺点。在生产实际中要特别重视。

3. 杜洛克猪（Duroc，简写为D）

杜洛克猪原产美国东北部，由不同的红色猪种组成，其中纽约的杜洛克猪和新泽西的泽西红毛猪对其贡献最大。我国先后引进台系、美系、瑞系、加系、法系及丹系等（图2-3）。

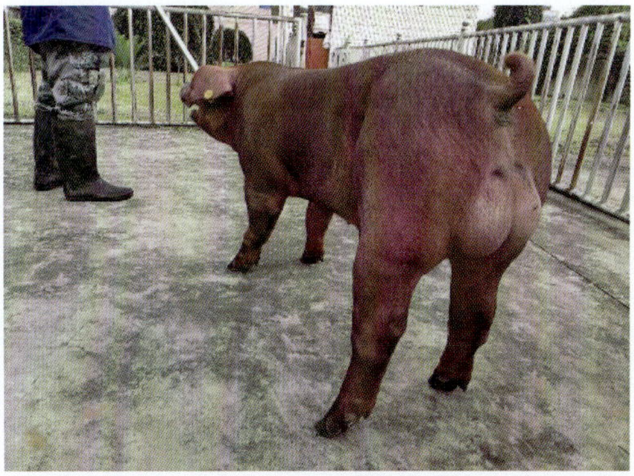

图2-3 杜洛克公猪

杜洛克猪全身被毛棕色，体侧或腹下有少量暗斑点。头中等大，嘴短直，耳中等大，略向前倾。背腰平直，腹线平直，体躯较宽，肌肉丰满，后躯发达，四肢粗壮结实。乳头7～8对（图2-3）。

杜洛克猪母猪一般在6～7月龄开始发情，成年公猪体重240～350 kg，成年母猪体重200～290 kg；后备公猪6月龄体重95～110 kg，后备母猪6月龄体重90～100 kg。初产母猪产仔8～9头，产活仔8头以上，初生窝重10 kg以上；三胎以上经产母猪产仔10～11头，产活仔9头以上，初生窝重13 kg以上。

30～100 kg阶段日增重800～900 g，料肉比（2.3～2.6）：1，达100 kg体重日龄为170天以下（表2-3）。100 kg体重时屠宰，屠宰率72%以上，胴体瘦肉率63%～67%，肌内脂肪2.5%左右。

表2-3 杜洛克种公猪生长性能测定成绩

数量（头）	始测日龄（天）	始测体重（kg）	结测日龄（天）	结测体重（kg）	日增重（g）	日采食量（g）	料重比	达100 kg日龄（天）	100 kg活体背膘（mm）
32	77.95 ± 3.75	29.35 ± 3.32	173.36 ± 1.07	102.93 ± 6.86	796 ± 117	1 756 ± 42	2.32 ± 0.39	170.69 ± 9.74	11.38 ± 0.51

国内多用杜洛克猪做父本与地方品种杂交，二元杂交或者三元杂交中做父本。在云南省进行商品猪产业化生产中，多用作二、三元杂交的终端父本，效果较好，也有些规模场用杜洛克猪做父本与本地野猪杂交，做特种野猪培育，但还存在授精率低、母性差、肌内脂肪低、水分含量高等问题，需要进行探索研究。

4. 不同品种种猪的性能比较

见表2-4。

表2-4 不同品种种猪主要性能比较

项目	品种	长白猪	大约克猪	杜洛克猪	长×大二元猪
生产性能	母猪初情期（日龄/天）	170～200	165～195	170～200	165～200
	适合配种日龄（天）	230～250	220～240	220～240	220～230
	适合体重（kg）	>120	>120	>120	>130
	母猪初产仔数（头）	>10	>10	>8	>10
	母猪经产仔数（头）	>11	>12	>9	>11

（续表）

项目	品种	长白猪	大约克猪	杜洛克猪	长×大二元猪
生产性能	21日龄初产窝重（kg）	>50	>50	>40	>50
	21日龄经产窝重（kg）	>55	>55	>50	>55
生长性能（达100 kg时）	日龄（天）	<180	<180	<180	<170
	料肉比	2.4～2.6	2.3～2.6	2.3～2.5	<2.8
	背膘厚（mm）	15	15	<15	15
胴体品质	屠宰率（%）	>70	>70	>70	>70
	后腿比例（%）	>32	>32	>32	>32
	胴体背膘厚（mm）	<18	<18	<18	<18
	胴体瘦肉率（%）	≈65	>65	>66	>62
备注	不同育种公司中猪的品系不同，性能指标会有差异，以上仅供参考				

第二节 品 系

品系是人工育成的具有一定特点、能够稳定遗传、拥有一定数量的猪群。在育成方法上，已不局限于近交一种途径，而且包含杂交、合成等各种手段。不同品系猪存在一定的差距，这和当地生产力需求有较大关系，品系培育灵活，质量要求不如品种全面，主要突出某种特点，不需要考虑长期存在。目前我国引进种猪的品系主要有新美系、丹系、加系和台系等。

1. 新美系猪

见图2-4至图2-6。

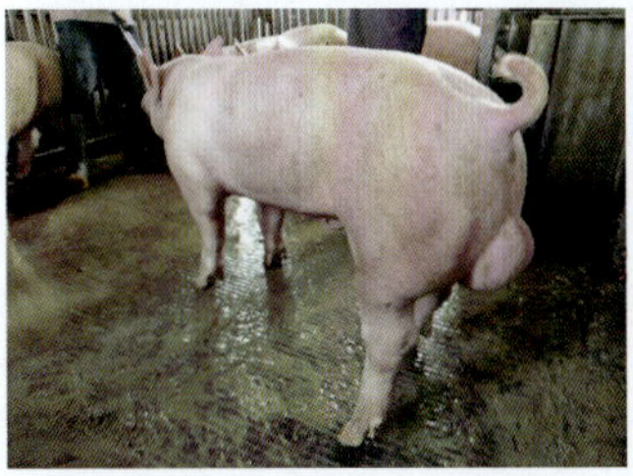

图2-4 新美系大约克

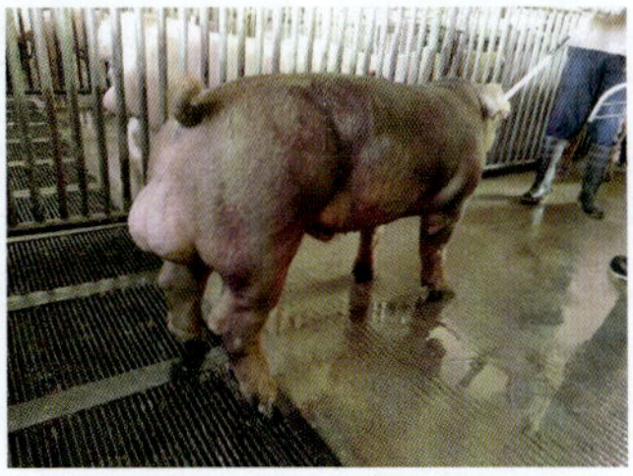

图2-5 新美系杜洛克

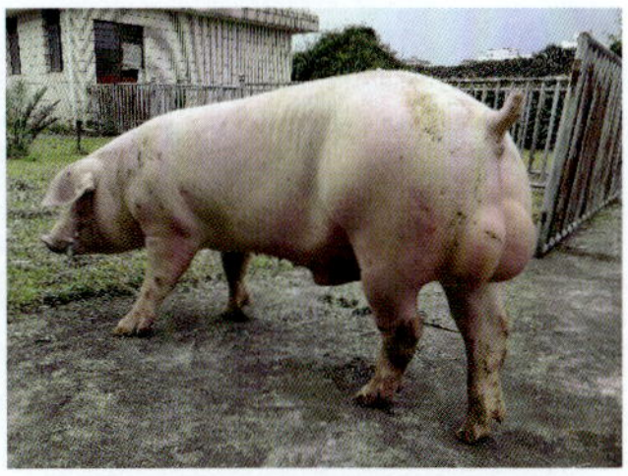

图2-6 新美系长白

新美系的优点是体型好、体格粗壮、生长速度快、瘦肉率高、肉质的品质好、环境的适应性强，耐粗饲，在生产中适合做父本或母本。不足之处是母猪的生产性能，产仔数比较一般，据场内测定数据，产活仔平均11～12头，且后备种母猪利用率、泌乳性能上相对较弱。生长性能见表2-5。

表2-5　新美系种公猪性能测定结果

品种	数量（头）	始测日龄（天）	始测体重（kg）	结测日龄（天）	结测体重（kg）	日增重（g）	日采食量（g）	料重比	达100 kg日龄（天）	100 kg活体背膘（mm）
YY	29	84.56 ± 18.29	32.84 ± 6.82	177.34 ± 20.16	96.42 ± 15.52	716 ± 131	1 619 ± 273	2.29 ± 0.31	185.73 ± 31.90	11.49 ± 1.66
LL	10	80.08 ± 36.32	45.86 ± 6.73	195.00 ± 10.34	113.22 ± 11.46	659 ± 123	1 969 ± 265	3.07 ± 0.62	179.49 ± 13.41	11.83 ± 1.55
DD	27	75.29 ± 15.94	31.70 ± 7.99	174.11 ± 13.43	98.08 ± 15.79	713 ± 140	1 727 ± 447	2.59 ± 0.69	177.58 ± 17.87	11.02 ± 1.17

2. 加系猪

见图2-7和图2-8。

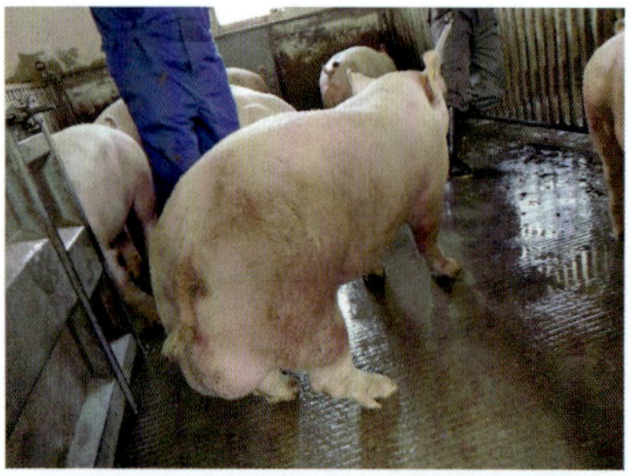

图2-7　加系大约克

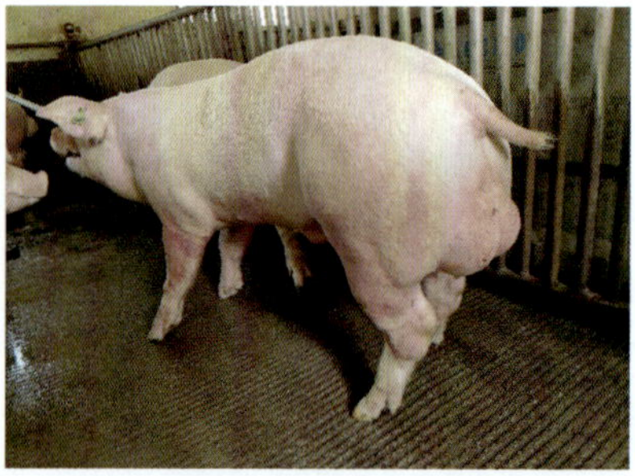

图2-8　加系长白

加系猪与新美系猪的特点类似，体型好、四肢粗壮、生长速度快、120 kg出栏料重比较低等。生长性能见表2-6。

表2-6 加系种公猪性能测定结果

品种	数量（头）	始测日龄（天）	始测体重（kg）	结测日龄（天）	结测体重（kg）	日增重（g）	日采食量（g）	料重比	达100 kg日龄（天）	100 kg活体背膘（mm）
YY	9	68.96 ± 4.85	30.24 ± 8.18	164.11 ± 4.78	97.95 ± 18.31	737 ± 98	1 799 ± 448	2.42 ± 0.36	169.06 ± 15.98	10.59 ± 1.25
LL	14	70.15 ± 17.88	34.26 ± 6.74	184.57 ± 26.85	99.34 ± 14.28	640 ± 169	1 767 ± 343	2.91 ± 0.87	187.27 ± 29.70	10.89 ± 1.46

3. 丹系猪

丹系的长白猪性能优秀（图2-9），杜洛克无特点。丹系长白母猪繁殖生产性能好，根据场内测定成绩，窝均活仔平均13～15头，仔猪生长成绩、后备猪的生长发育性能成绩好，生长性能见表2-7。但母猪体型略显单薄、肢蹄不够结实，母猪肢蹄弱，营养水平需求高，仔猪初生重低，对管理要求高，否则淘汰率高。

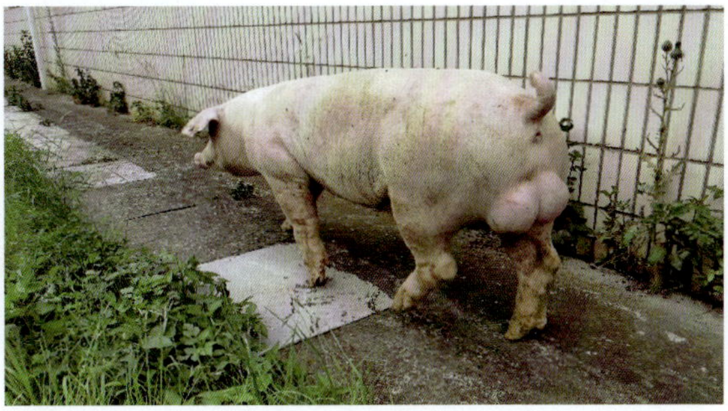

图2-9 丹系长白

表2-7 丹系种公猪性能测定结果

品种	数量（头）	始测日龄（天）	始测体重（kg）	结测日龄（天）	结测体重（kg）	日增重（g）	日采食量（g）	料重比	达100 kg日龄（天）	100 kg活体背膘（mm）
YY	5	94.40 ± 16.64	26.33 ± 6.40	186.40 ± 16.64	89.35 ± 12.64	685 ± 78	1 587 ± 224	2.34 ± 0.43	203.12 ± 8.20	11.52 ± 1.64
LL	5	92.40 ± 9.21	32.70 ± 5.27	184.40 ± 9.21	100.88 ± 7.00.28	741 ± 52	1 388 ± 777	2.29 ± 0.42	182.32 ± 9.83	10.97 ± 1.37

4. 台系猪

台系猪主要指杜洛克，体型非常好，背膘薄，生长速度快，瘦肉率高、赘肉少（图2-10），但繁殖性能较弱，胎产活仔数在8～10头。生长性能见表2-8。

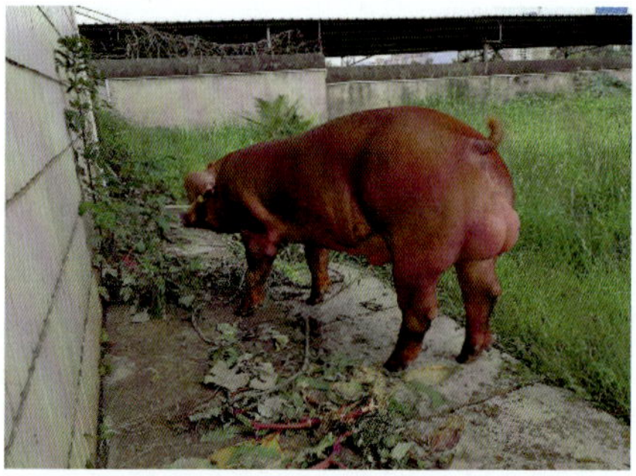

图2-10 台系杜洛克

表2-8 台系种公猪性能测定结果

品种	数量（头）	始测日龄（天）	始测体重（kg）	结测日龄（天）	结测体重（kg）	日增重（g）	日采食量（g）	料重比	达100 kg日龄（天）	100 kg活体背膘（mm）
DD	5	80.60 ± 10.88	27.00 ± 4.46	172.60 ± 10.88	107.78 ± 8.33	878 ± 86	1 786 ± 208	2.04 ± 0.16	163.80 ± 8.86	11.74 ± 0.96

5. 不同品系种猪的性能比较

见表2-9。

表2-9 不同品系种猪主要性能特点比较

性能	指标	台系	丹系	加系	新美系
种猪性能	窝活产仔数（头）	11.5～13.0	14.0～17.0	12.0～13.5	11.0～12.0
	饲养/饲料要求	较高	高	适中	耐粗
	种猪肢蹄	较好	较弱	较好	健壮
后代性能	料肉比	较好	较高	较好	一般
	瘦肉率（%）	较高	较高	适中	稍低
	体重100 kg日龄	较快	较快	适中	一般
	100 kg背膘厚（mm）	适中	较薄	适中	较厚
	后代抗病力	较好	一般	强	强
	后代体型	高长为主	偏长	适中	较大
备注	由于不同品系种猪选育重点不同，因此生产性能各有特点，但差异在逐渐缩小				

第三节 品种选择

猪场要想长期将生产水平维持在一个较高的水准，就一定要重点关注后备猪的选留和引种，需要及时选留或引入后备种猪。这关系到一个猪场的发展和未来。作为养猪人而言，无论是养种猪，还是养育肥猪，首先考虑的就是种源，了解不同品种和品系的产仔数、生长速度、瘦肉率、料肉比、体型、适应性等特点，同时，我们还要知道自己的需求，比如养殖目的、土地面积、资金、技术、意愿、目标等，确定养殖品种和规模等。

1. 基本要求

因地制宜，选用高产优质高效的生猪良种，品种来源清楚、性能良好、检疫合格。对于中小规模的养殖户，主要是注意外购种猪时务必要从具有《企业法人营业执照》《种畜禽生产经营许可证》《动物防疫条件合格证》的正规种猪场引种，同时，引种时要求其提供“种猪合格证”或“种猪档案证明”。合格证中有三个比较重要的内容：种猪的耳号标记方法、种猪三代以上的系谱和生产性能测定结果。有了这些资料和数据，说明所购买的种猪来源正规，种猪质量相对有保证。

2. 引种流程

第一，各种猪场、扩繁场要根据自己场内生产工艺及流程设计、生产母猪存栏、淘汰计划、后备存栏、后期生产计划等推算制定引种计划。比如品种、免疫要求、体重、性别、日龄等。第二，寻找能够满足自己需求条件的种猪场，与其联系对接，确定猪只体重、数量等，同时需要其提供企业资质、种猪性能、健康情况等证明材料。第三，将引种计划和所引种生产企业的证明材料等，报当地畜牧兽医行政主管部门审批。第四，联系种猪生产企业，请其向当地的动物疫病预防控制部门申请，对所引种猪群体进行抗体及病原检测，并提供检测报告。第五，由生产技术人员前往猪场进行挑选引进种猪。种猪场在7天内将猪只日龄和系谱及免疫信息发送至引种场。

3. 挑选方法

直观挑选法（体型外貌法）。身体健康，无遗传缺陷。毛色等符合品种特征，头部清秀，面额清秀，无腮肉或小腮肉；耳部血管清晰，耳型也符合品种特征：大白竖立，长白下垂前倾，杜洛克下垂。体形匀称，背腰平直，腰间结合良好，过渡平稳；后躯丰满，肌块明显；四肢健壮有弹性，行走自如、步态轻盈，无跛行、无八字腿、O型腿等；肢蹄齐整，无蹄裂。乳头，杜洛克6对以上，大白、长白7对以上，且无副乳头、瞎乳头和内翻乳头。公猪性情温顺，睾丸大而对称。

（1）母猪挑选。

纯种（L或Y）母猪及二元母猪外形必须符合纯种及二元母猪品种特征基本要求，体格及肢蹄健壮，发育良好，且无漏肠等异常，无遗传缺陷，血缘清楚；母猪易亲近，无繁殖缺陷，阴户发育良好，端正，无上翘，大小适中；乳头发育正常，有效乳头6对以上且分布均匀（图2-11至图2-14）。

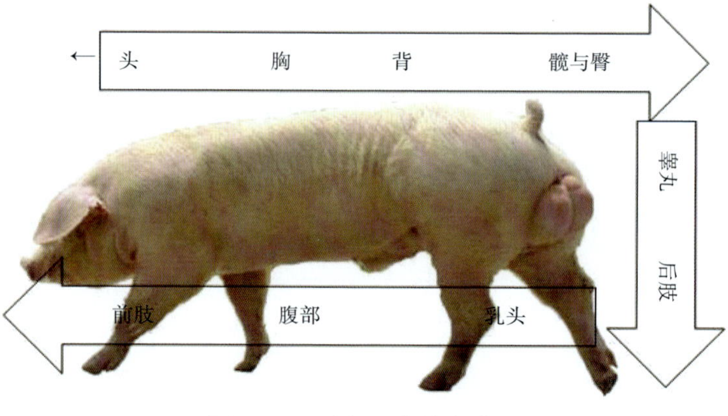

图2-11　后备母猪检查路线

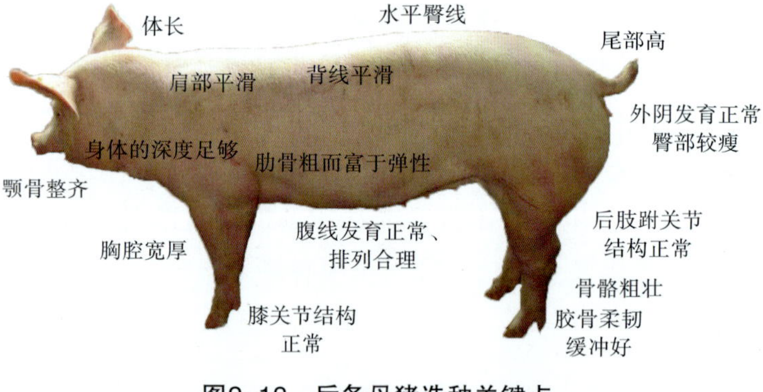

图2-12　后备母猪选种关键点

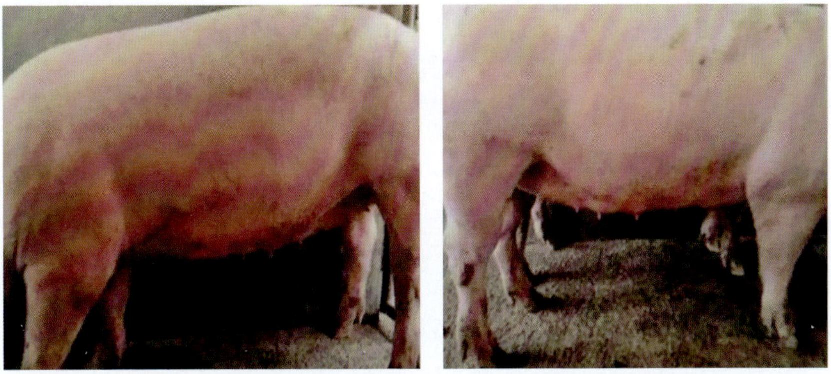

乳头正常　　　　乳头间距不均

图2-13　后备母猪乳头对照

生殖器发育成熟或者健康

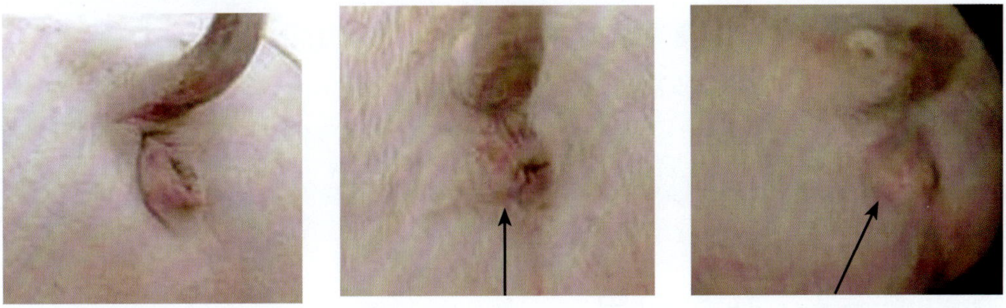

A. 发育良好的阴户

B. 针尖状的阴户易感染子宫炎与阴道炎

C. 幼儿型阴户预示生殖激素分泌量少，生殖系统发育不良，不利于受孕

图2-14　后备母猪外阴对照

母猪阴户过小会造成配种和分娩困难，容易导致难产；同时阴户过小意味着母猪子宫容积小，会导致产仔数低。

（2）公猪挑选。

被毛及外形符合品种要求，唾液分泌充足，性欲旺盛，体格及肢蹄健壮，发育良好，且无漏肠等异常，无遗传缺陷，血缘清楚，乳头、睾丸等生殖系统发育正常，有效乳头6对以上且分布均匀。睾丸大小一致，对称，包皮小，无积液。

（3）商品仔猪的挑选。

商品猪品种为DLY外形必须符合其品种基本要求，体型匀称，结构良好，被毛及外形符合品种要求，口鼻干净，同日龄同窝挑选体重较大者，体格及肢蹄健壮，发育良好，精神旺盛，好斗，无拉稀、无漏肠等异常，长期关注其商品后代的体型、生长速度和料肉比。

4. 运输

运输之前，让所运输猪只饱饮添加抗应激剂（如电解多维）的饮水，联系安排有生猪运输相关资质的专业运输车辆，按规定清扫消毒后，前往指定区域装猪，赶猪时动作尽可能轻缓温柔，等猪只全部装完后，尽可能减少运输时间，夏天长距离运输的需要定期喷水降温，冬天注意保暖，条件允许时，观察所运猪群状况，如有打斗等情况发生，及时隔离处理。

隔离：在运猪之前，选择准备适宜的隔离场所，安装相关设施，做好清扫消毒等准备工作。待猪只安全运到后，先将猪只赶入隔离，3～4 h内给饮添加抗应激剂（如电解多维）的饮水。然后少量添加给喂原场饲料，并逐日按9∶1、6∶4、4∶6、1∶9比例过渡成本场饲料。隔离期间如发病，对症治疗，待30～45天隔离结束后，转入本场分群饲养。

第四节 杂交利用

杂交指不同品种、品系或品群间的相互交配，得到杂种后代。目前主要采用的为二元或三元的经济杂交。

1. 二元杂交

是利用两个不同品种的公、母猪进行一次杂交，生产杂种一代猪，全部用来育肥。这种方法简单易行，在农村推广应用，只要是有父系品种都可以进行。是目前应用最广泛、最简单的一种杂交方式。这种方式仅利用了父系品种的生长速度和胴体性状，没有利用母猪的繁殖性能的杂种优势。但这种方式将引进品种作为父本，本地品种作为母本进行杂交，这对改良利用本地品种，有很好的效果（图2-15）。

L♂ × Y♀　　Y♂ × L♀
↓　　↓
LY　　YL

A. 洋二元杂交示意

L♂ × B♀　　Y♂ × B♀　　D♂ × B♀
↓　　↓　　↓
LB　　YB　　DB

B. 与本地猪的杂交示意

Y. 约克夏；L. 长白猪；B. 本地猪；D. 杜洛克

图2-15　二元杂交示意

2. 三元杂交

三元杂交是先用两个品种的猪进行杂交，从杂交一代中挑选较好的母猪，用第三个品种进行杂交（图2-16，图2-17），生产的商品猪全部育肥。这种杂交方式由于母本是二元杂种，能充分利用母本杂种优势。另外，三元杂交比二元杂交能更好地利用遗传互补性。目前普遍受市场欢迎。

D. 杜洛克；Y. 约克夏；L. 长白猪

图2-16　外三元杂交示意

L♂×B♀　　　　Y♂×B♀
↓　　　　　　↓
D♂×LB♀　　　D♂×YB♀
↓　　　　　　↓
DLB商品肉猪　　DYB商品肉猪

B. 本地猪；Y. 约克夏猪；L. 长白猪；D. 杜洛克

图2-17　内三元杂交示意

3. 其他杂交

非洲猪瘟疫情肆虐，致使猪种源极度缺乏时，需要提高种猪繁殖效率和良种供应能力。可以采取延长能繁母猪使用时间，扩大母猪存栏，增加繁殖仔猪数量满足供应，对有条件的扩繁场，建议探索系间杂交、级进杂交、轮回杂交或者配套系杂交等，以快速增加种源供应。

（1）系间杂交。

同一品种内的不同品系，或者不同品种的品系之间进行杂交（图2-18），比如用美系的长白与丹系的大约克进行杂交，生产二元杂交猪，也可以生产三元杂交猪。

L♂（A）×Y♀（d）　　Y♂（d）×L♀（d）
↓　　　　　　　　　↓
LY♀　　　　　　　D♂（A）×YL♀（d）
　　　　　　　　　↓
LY父母代种猪　　　DYL商品肉猪

D. 杜洛克；Y. 约克夏；L. 长白猪；A. 美系；d. 丹系

图2-18　系间杂交示意

（2）级进杂交。

两个品种杂交，其杂种后代连续几代与其中一个品种进行回交，最后所得的畜群基本上与此品种相近，同时亦吸收了另一品种的个别优点。级进杂交通常有两种方式（图2-19）。若某一品种生产低劣，可将该品种母畜与另一高产品种的公畜杂交，其杂种后代连续3～4代与高产品种回交，后代保留低劣品种个别优点，生产性能接近或超过高产的优良品种。这种级进杂交方式常称为改造杂交或改良杂交。若某一品种基本上能满足需要，但个别性状不佳，难以通过纯繁得到改进，则选择此性状特别优良的另一品种进行杂交改良。杂种后代连续3～4代与原有品种回交，可纠正原有品种的个别缺点，以提高畜群的生产性能。此方式常称为引入杂交或导入杂交。

L♂ × Y♀
↓
L♂ × LY♀
↓
（L）LY母猪

Y. 约克夏；L. 长白猪

图2-19 级进杂交示意

（3）轮回杂交。

又称回交，是在杂交过程中，逐代选留优秀的杂种母猪作母本，每代用组成的亲本的各品种公猪轮流做父本进行杂交的方法（图2-20）。通过多次轮回杂交，其回交后代与亲本的性状将会有很大的一致性。利用轮回杂交，由于猪场只将杂种母猪和少数不同品种良种公猪来轮回相配，可以减少纯种公猪的饲养数量，可利用各代杂种母猪的杂种优势来提高生产性能，减少引进纯种母猪，降低疫病传染的风险。常用的轮回杂交有二品种轮回或三品种轮回。

L♂ × Y♀
↓
D♂ × LY♀
↕
L♂（Y♂）× DLY♀
↓
商品猪

Y. 约克夏；L. 长白猪；D. 杜洛克

图2-20 轮回杂交示意

（4）配套系杂交。

又称多品种杂交。采用四个品种或者品系，先分别进行两两杂交，然后在杂交后代中选出优良的父母代，再进行多品种杂交（图2-21）。目前国外推进的配套系杂交有4系（斯格、托佩克）、也有5系（PIC、迪卡）。

L♂ × Y♀
↓
D♂ × LY♀
↕
LY♂（YL♂）× DLY♀
↓
商品猪

Y. 约克夏；L. 长白猪；D. 杜洛克

图2-21 配套系杂交示意

以上的杂交生产方式仅是应急性的生产商品仔猪的一种方式，一旦非瘟常态化下生猪产能平稳恢复后，通过一系列的实践验证，这种生产方式将会逐渐更改或消失。

第三章

营养与饲料

第一节 营养物质的消化吸收

猪对营养物质的消化吸收过程是通过消化器官、消化腺体、消化液和神经调节整体稳定和控制完成的。

一、猪的消化器官

1. 口腔

口腔由唇、颊、硬腭、下颌骨、舌、齿等器官构成。口腔消化由摄取食物开始，食物进入口腔后，经过咀嚼，混入唾液，然后吞咽。口腔前端以口裂与外界相通，后端通咽。口腔内面（除牙齿外）覆有黏膜，黏膜较厚，富有血管。口腔黏膜上有唾液腺的开口。口腔是消化系统的起始部，具有采食、搅拌食物、吸吮、泌涎、味觉、咀嚼和吞咽等功能。

2. 咽

咽是呈漏斗状的肌肉囊，为消化、呼吸的共同通道，位于口腔和鼻腔的后方，喉和食管的前上方。

3. 食道

食道是连接口腔和胃的一个肌肉发达的管道，食道的作用是直接把食物通过胸腔送入胃内，而不影响胸部器官的正常功能。

4. 胃

胃位于腹腔内，在膈和肝的后方，前端以贲门接食管，后端以幽门与十二指肠相通。胃有暂时贮存食物、分泌胃液、进行初步消化和推送食物进入十二指肠等功能。猪胃壁黏膜分为有腺部和无腺部，有腺部黏膜根据腺体不同分为贲门腺区、胃底腺区和幽门腺区，胃底腺是分泌消化液的主要腺体。无腺部靠近贲门，无消化腺，不分泌消化液。整个胃黏膜表面还分布黏液细胞，分泌黏液形成保护层，防止黏膜受胃酸的侵蚀。胃的主要功能是通过胃壁的紧张性收缩和蠕动将猪在胃内的食物与胃液充分混合，使食团变成半流体的食糜，便于化学性消化，并使胃内容物通过幽门向十二指肠移动。

5. 肠

肠起自幽门，止于肛门，可分小肠和大肠两部分，小肠分为十二指肠、空肠和回肠三部分。

（1）小肠。

小肠最长，管径较小，肠壁黏膜形成许多环行的褶和微细肠绒毛，突入肠腔中，以增加与食物接触的面积。小肠部的消化腺很发达，有壁内腺和壁外腺两大类。壁内腺有肠黏膜的肠腺和十二指肠黏膜下层的十二指肠腺，壁外腺有肝、胰分泌的胆汁和胰液由导管通入。消化腺的分泌物中含有多种酶，能消化各种营养物质。十二指肠是小肠的第一段，较短，肝管和胰管即开口于此。空肠是小肠中最长的一段，也是食物消化和营养物质吸收的重要场所。回肠是小肠末段，较短，肠壁较厚，其末端开口于盲肠或盲结肠交界处。

（2）大肠。

大肠黏膜中的腺体分泌碱性、黏稠的消化液，其中含有的消化酶甚少。所以大肠内的消化主要靠随食糜带来的小肠消化酶和微生物的作用。食糜经过消化和吸收后，其中的残余部分进入大肠的后段。在这里，水分被大量吸收，大肠的内容物逐渐浓缩而形成粪便。

二、猪的消化液

1. 唾液

唾液是腮腺、颌下腺和舌下腺三对主要唾液腺和口腔黏膜中许多小腺体分泌的混合液。唾液分为浆液型、黏液型和混合型三类。唾液为无色透明的液体，呈弱碱性。因唾液含有大量的水分，故可湿润饲料，便于咀嚼和吞咽，同时唾液溶解食物中某些可溶物质，从而引起味觉，促进消化液的分泌；同时猪的唾液还含少量淀粉酶，在适宜环境下将淀粉分解为麦芽糖。

2. 胃液

胃液是由胃黏膜分泌的透明、淡黄色液体，pH 0.5 ~ 1.5。胃液主要由水、盐酸、胃蛋白酶原、黏液和内在因子组成。胃酸主要激活胃蛋白酶原转变为胃蛋白酶，同时维持胃内酸性，使蛋白质变性易于吸收，另外还有杀死食物中带入的微生物作用。胃蛋白酶主要作用于苯丙氨酸和酪氨酸的肽键，将蛋白质分解成简单的肽和胨。黏液主要起润滑作用，使食物易于通过，从而保护胃黏膜不受食物机械损伤，同时黏液有弱碱性，可降低黏膜层酸度，防止酸和酶对黏膜的消化。内在因子主要是由细胞壁分泌的一种黏蛋白，可与维生素B_{12}结合成复合物，促进肠壁上皮对维生素B_{12}吸收。

3. 胰液

胰液由胰腺分泌，通过胰管与胆管合并，由胆管口分泌入十二指肠。胰液为无色、无臭、弱碱性液体，pH 7.8 ~ 8.4，主要由水分、无机盐和酶组成。胰液的酶种类多，作用强。胰淀粉酶主要分解α-淀粉；胰脂肪酶类将脂类分解成甘油一酯和游离脂肪酸；胰蛋白酶类主要是多种蛋白酶原，在胰液的肠激酶作用下激活，将蛋白质、肽分解成游离氨基酸。胰液的碱性无机盐可中和胃酸，以维持肠内适宜的酸碱度，保护肠壁。

4. 胆汁

胆汁由肝细胞合成，在胆囊贮存、浓缩，由胆管排入十二指肠。胆汁为金黄色、味苦、浓稠状液体，主要有水和钠、钾、钙等矿物质的盐，胆盐、胆色素、脂肪酸、磷脂、胆固醇、黏蛋白等组成。主要生理作用为激活胰脂肪酶；胆盐、类酯可乳化脂肪，形成脂肪小球；胆盐与甘油一酯、游离脂肪酸形成复合物，促进脂肪吸收；间接促进脂溶性维生素的吸收；胆固醇排泄途径之一，防止动脉硬化。

5. 小肠液

小肠液由十二指肠细胞分泌，弱碱性，pH 7.6。主要活性物质是各种酶类，对低分子蛋白质、糖进行彻底消化，使之成为直接吸收的小分子化合物。如：氨基肽酶、α-糊精酶、麦芽糖酶、乳糖酶、蔗糖酶、碳酸酶、肠激酶等。

三、猪消化道的微生物

1. 共生微生物

猪的后段消化道通常给微生物生长提供一个理想的温度、湿度和营养环境。由于这些微生物能酶解纤维素和有关化合物，从而提高粗饲料对猪的营养价值。

2. 碳水化合物的降解

未消化碳水化合物在猪的消化道后段内主要由厌氧细菌发酵产生挥发性脂肪酸。其中最主要的是乙酸、丙酸和丁酸。挥发性脂肪酸可部分由肠壁吸收，为猪提供一定的能量来源。

3. 微生物蛋白质的合成

细菌和其他微生物为了生活繁殖，利用寄主吃进饲料，猪的前段消化道内未吸收的氮源，可用于合成微生物所需的蛋白质。细菌蛋白质进一步消化，被寄主以氨基酸的形式部分由肠壁吸收，为猪提供一定的蛋白质来源。

四、营养物质的吸收

饲料中营养物质在动物消化道内经物理的、化学的、微生物的消化后，经消化道上皮细胞进入血液或淋巴的过程称为吸收。猪的营养物质主要吸收场所在小肠，吸收机制有以下三种方式。

1. 胞饮吸收

胞饮吸收是肠黏膜伸出伪足或物质接触处的膜内陷，从而将这些物质包入细胞内。以这种方式吸收的物质，可以是分子形式，也可以是团块或聚集物形式。初生哺乳仔猪对初乳中免疫球蛋白的吸收是胞饮吸收，这对初生仔猪获取抗体具有十分重要的意义。

2. 被动吸收

被动吸收是通过滤过、渗透、简单扩散和异化扩散（需要载体）等几种形式，将消化了的营养物质吸收进入血液和淋巴系统。这种吸收形式不需要消耗机体能量。一些分子量低的物质，如简单多肽、各种离子、电解质和水等的吸收即为被动吸收。

3. 主动吸收

主动吸收与被动吸收相反，必须通过机体消耗能量，是依靠细胞壁“泵蛋白”来完成一种逆电化学梯度的物质转运形式。这种吸收形式是猪吸收营养物质的主要方式。

五、营养物质的消化率

饲料被猪消化的性质或程度称为饲料的可消化性。猪消化饲料中营养物质的能力称为猪的消化力。饲料的可消化性和动物的消化力是营养物质消化过程中不可分割的两个方面。消化率是衡量饲料可消化性和消化力这两个方面的统一指标，它是饲料中可消化养分占食入饲料养分的百分比，计算公式如下：

饲料中可消化养分=食入饲料中养分-粪中养分

饲料某养分消化率=[（食入饲料中某养分-粪中某养分）/食入饲料中某养分]×100%

因粪中所含各种养分并非全部来自饲料，有少量来自消化道分泌的消化液、肠道脱落细胞、肠道微生物等内源性产物，故上述公式计算的消化率为表观消化率。分析动物对饲料中各种养分的消化过程及其产物表明：饲料中蛋白质的表观消化率小于真实消化率，因为表观消化率计算中把来源于消化道的代谢蛋白质、消化酶和肠道微生物等视为未消化的饲料蛋白质，造成计算粪中排出蛋白质的量与真实情况不符；饲料脂肪含量少，测定表观消化率易受代谢来源的脂肪和分析误差掩盖，测定值有波动；饲料矿物质的消化率，更易受消化道来源的代谢矿物质循环利用的影响，所以，矿物质应采用真实消化率。

饲料中某养分的真实消化率={[食入饲料中某养分-（粪中某养分-消化道来源物中某养分）]/食入饲料中某养分}×100%

对同一种饲料，在猪的不同生理阶段养分消化力和消化率不同；不同种类的饲料，在猪的同一生理阶段，消化率也不同。

第二节 猪营养需要

猪的营养需要是猪维持必要的功能和生产而对营养物质的需要，主要分为维持需要和生产需要两种。维持需要是指猪进行新陈代谢、维持体温、补充和修复机体细胞和组织所需要的营养。生产需要是指猪生长、妊娠、泌乳等时期所需要的营养。营养物质通常是指那些从饲料中获得、能被动物以适当的形式用于构建机体细胞、器官和组织的物质。猪用于维持和生产的营养物质主要包括水分、蛋白质、脂肪、碳水化合物、能量、矿物质和维生素。

一、水分

水分是猪机体一切细胞和组织的必需构成成分，在机体所有化合物中，水的比例最大。水分布于各种组织、器官和体液中，体液以细胞膜为界，分为细胞内液和细胞外液，在健康猪机体中，细胞内液占体液的2/3，主要存在于肌肉和皮肤细胞中，细胞外液主要指血浆和间质液，约占体液的1/3，细胞内液、间质液和血浆之间的水不断进行着交换，保持动态平衡。另外机体内的许多生化反应也必须在水中或者有水参与才能完成。其主要来源于饲料和饮水，另外还有一少部分来源于体内代谢过程回收或产生的水分。

二、蛋白质（氨基酸）

蛋白质是一切生命活动的基础，是构成猪体组织的主要成分。粗蛋白质是指机体或饲料中一切含氮物质的总称。在含氮化合物中，蛋白质不是唯一含氮物质，核酸、游离氨基酸、铵盐等不是蛋白质，但它们也含有氮，为此将蛋白质分为两部分，即纯蛋白质或真蛋白质和非蛋白氮化合物。在自然界中存在的真蛋白质中，含氮量平均为16%，因此，在常规饲料分析法中规定，用含氮量乘以6.25（N%×6.25）来计算粗蛋白质含量。蛋白质主要生理作用是修补体组织蛋白的消耗及形成产品蛋白、合成酶、内分泌及抗体成分，及在碳水化合物及脂肪不足时氧化供能。

蛋白质由氨基酸组成，从猪体营养需要方面，氨基酸可分为必需氨基酸和非必需氨基酸。凡是猪体内不能合成或者合成数量不能满足生理需要，必须由饲料供应的氨基酸为必需氨基酸。猪的必需氨基酸主要有10种：赖氨酸、苏氨酸、缬氨酸、组氨酸、苯丙氨酸、异亮氨酸、亮氨酸、蛋氨酸、色氨酸、精氨酸。猪体内能够合成满足生理需要的氨基酸为非必需氨基酸。猪的非必需氨基酸主要有：甘氨酸、丙氨酸、丝氨酸、谷氨酸、天冬氨酸、脯氨酸、胱氨酸、半胱氨酸、羟脯氨酸。

蛋白质的生物学价值决定于氨基酸的平衡和缺乏状况。氨基酸平衡是指配合饲料中各种必需氨基酸的含量等于动物对氨基酸的需要量。而氨基酸缺乏是指日粮中可能有一种或几种必需氨基酸含量不能满足动物的需要。当动物合成某一组织蛋白时，动物只是按所合成的蛋白质中氨基酸组成比例利用饲料蛋白质中的氨基酸，如果其中一种或几种必需氨基酸比例低于所合成蛋白质中相应氨基酸比例，则会限制其他氨基酸的利用。

氨基酸的利用（图3-1）就如同要用一只由许多木板组成的木桶来打水，其中的一块木板高度就相当于组成蛋白质一种氨基酸含量，如果各氨基酸比例组成处于动物利用的理想状态（图3-1A），则可以打一满桶水；如果饲料中的氨基酸组成比例不同，就好比组成木桶中有一块木板较短，则木桶盛水的质量是由那块短木板所决定（图3-1B，图3-1C），其他木板再长也只是浪费，这就是氨基酸利用木桶理论。

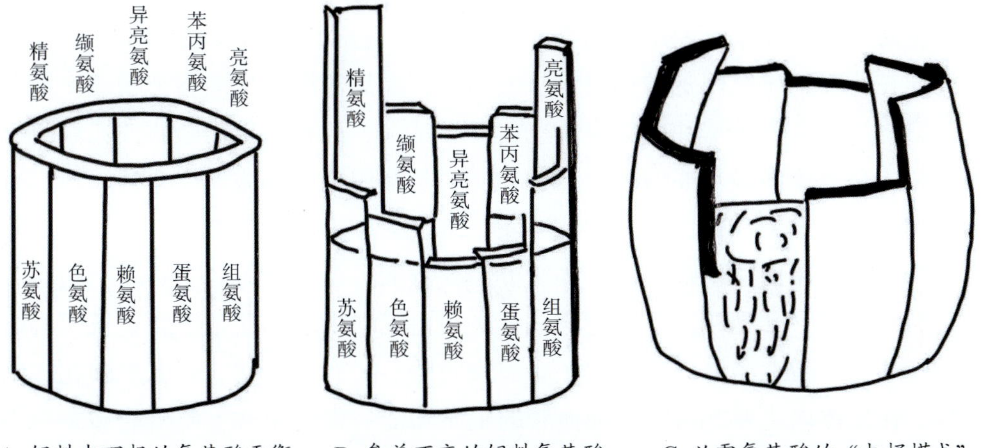

A. 饲料中理想的氨基酸平衡　B. 参差不齐的饲料氨基酸　C. 必需氨基酸的“木桶模式”

图3-1　氨基酸木桶理论

在木桶理论基础上，NRC（美国国家科学研究委员会）（1988）和ARC（英国农业研究委员会）（1981）分别提出基于赖氨酸和色氨酸的理想蛋白质氨基酸模式。理想氨基酸是指这种蛋白质的氨基酸组成和比例与动物所需蛋白质的氨基酸组成和比例一致，动物对该种蛋白质的利用率为100%。此概念在日粮配合中的好处是，所有氨基酸的需要量均以赖氨酸为基础，即假设猪对赖氨酸的利用效率是100%，其余氨基酸的需要量均为赖氨酸需要量的相对值。

由于猪是杂食动物，其蛋白质的主要来源是饲料，而各种饲料中各氨基酸含量有异。同时饲料中各种氨基酸之间还存在着互补和拮抗关系。氨基酸互补是指在饲粮配合中，利用各种饲料氨基酸含量和比例的不同，通过两种或两种以上饲料蛋白质配合，互相取长补短，弥补氨基酸的缺陷，使日粮氨基酸比例达到较理想状态。氨基酸拮抗指某些氨基酸在过量的情况下，有可能在肠道和肾小管吸收时与另一种或几种氨基酸产生竞争，增加机体对这种（些）氨基酸的需要。如赖氨酸与精氨酸；缬氨酸与亮氨酸、异亮氨酸等。

当日粮中缺乏必需氨基酸时，猪的食欲降低，伴随采食量降低，饲料浪费多，饲料利用率低，增重缓慢，体质虚弱，被毛干燥、粗糙，严重时有负氮平衡，血清蛋白质浓度降低，贫血，肝中脂肪累积，水肿。繁殖母猪则会降低仔猪的初生重、产乳量，一些酶和激素的合成减少，同时对饲料中黄曲霉毒素的敏感性增加。但如果蛋白质喂量过多也会造成肝肾负担增加而受损。

三、脂肪（脂肪酸）

脂肪是指机体及饲料中油脂类物质的总称，包括真脂肪即甘油三酯和类酯两类。在营养学研究规定的饲料分析方案中，是用乙醚浸提油脂类物质，把色素、脂溶性维生素等非油脂类物质也包含在其中，故称之为粗脂肪或乙醚浸出物。脂肪是猪体内最重要的能源贮备物质，是组织细胞和激素产生的原料，也是脂溶性维生素A、维生素D、维生素E、维生素K等吸收的溶剂。

脂肪是由脂肪酸组成，从猪体营养需要方面，脂肪酸可分为必需脂肪酸和非必需脂肪酸。凡是猪体内不能合成，必须由饲料供应，又是正常生长所必需的不饱和脂肪酸称为必需脂肪酸。必需脂肪酸主要有亚油酸、亚麻酸和花生四烯酸。在猪体内主要起维持毛细血管的正常功能、保证正常生殖机能和参与类脂运输代谢等作用。

猪饲料中都含有脂肪，一般情况下，猪不会缺乏脂肪。但饲料中的脂肪对猪肉品质有一定影响，如喂给含有不饱和脂肪酸丰富的豆油和全脂大豆，就可能生产出PSE猪肉（俗称软脂肉），而喂给含有饱和脂肪酸丰富的大麦，则会生产出DFD猪肉（俗称硬脂肉）。当喂给缺乏必需脂肪酸的饲料时，猪体会表现出皮肤损害，出现角质鳞片，尾部坏死，被毛干燥，毛细血管脆弱，免疫力下降，生长受阻，水消耗增加，繁殖器官受损，代谢增加，严重可能死亡。同时还会影响脂溶性维生素（维生素A、维生素D、维生素E、维生素K）的吸收和利用，出现相应的缺乏症。

四、碳水化合物

碳水化合物是由C、H、O三种元素组成的化合物，其中H与O原子的比例多数为2：1，与H_2O中H与O的比例相同，故称之为碳水化合物。碳水化合物是构成植物组织的主要成分，占其干物质的50%～70%，而在一些谷物籽实中，含量可高达80%。碳水化合物主要包括淀粉、纤维素、半纤维素、木质素及一些可溶性的糖类。碳水化合物以糖类和糖蛋白、糖脂或者氨基酸等形式普遍存在于猪体内各组织中，分解后可产生热量，用以维持体温和供给体内各组织器官活动所需要的能量。也是肠道菌群的主要能源，可以有效调节肠道微生物菌群平衡，促进机体健康。

一般猪饲料中都含有碳水化合物，因而猪不会缺乏。但当猪饥饿或慢性采食不足时，会出现酮病，尤其是在泌乳初期，对能量需要猛然增加时最易发生。如果猪的能量不足，或代谢受阻，机体即分解组织蛋白质供能，造成体重减轻，产乳量下降，妊娠猪还引起流产。猪也可能发生类似糖尿病的综合症状。仔猪具有嗜糖习惯，因此，可在其开食料中补糖以促进仔猪采食。

五、能量

能量是一切生物存在和发展的重要前提。猪的全部生理过程（呼吸、血液循环、消化吸收、排泄、神经活动、体温调节、生殖和运动）都离不开能量。猪在进行物质代谢的同时，也伴随着能量的代谢和转换。猪的能量直接来源于饲料，饲料中的能量物质有三种，即碳水化合物、脂肪、蛋白质。

饲料中各种营养物质的热能总量称为饲料总能。饲料中各营养物质不能被全部消化吸收，不能被消化的物质随粪便排出，所以将粪便中所蕴含的能量称为粪能。主要包括两部分即未消化的饲料能量（外源粪能）和消化道代谢产生的内源能量（代谢粪能，MFE），如细菌、消化液、上皮脱落等。饲料总能减去粪便中的能量，才是被猪消化吸收的能量，即消化能=总能-粪能（DE=GE-

FE）。还有尿中排出的能量即尿能，主要是蛋白质和核酸的代谢产物所含的能量，如尿素等。另外饲料在猪消化道被微生物分解产生CO_2与H_2，在厌氧条件下，二者结合而形成CH_4，以气体形式被排出体外。CH_4仍含有能量，故称之为甲烷能。而被猪吸收进入机体内参加代谢的能量（称代谢能），显然不包括甲烷能。还有饲料在消化道中发酵过程中所产生的热能（也称发酵热），由于是在消化道中产生的，它并未被动物吸收利用，因此从理论上讲，发酵热也不能属于代谢能。它应同甲烷能一样被减去，但在用常规试验测代谢能时，很难把它分开，代谢能中常包括发酵热。代谢能用于维持生命活动和生产活动时，并不是100%转化的，如体内肌肉活动、酶的活性催化等都需ATP的能量，而其中的能量是来源于物质代谢，而物质代谢产生ATP及ATP中的能量转给肌纤维做功或参与其他代谢时，能量都会有损失。这些能量的损失统称为热增耗（HI）。可以供机体维持生命活动和生产活动所需要的能量称为净能，显然，热增耗是不包括在内的，故，净能=代谢能-热增耗，即：NE=ME-HI。根据净能在猪体内的用途不同，又分为两类，即维持净能和生产净能。维持净能是指维持猪的生命活动需要的净能值，包括三部分，即基础代谢（试验猪处于安静状态，适宜的外界环境温度20℃以及养分吸收后状态时的能量代谢），活动产热（在正常生产状况下的自由活动产热）和维持体温产热（猪维持正常体温所产生的能量）。生产净能是指保证猪进行正常生产活动所需的净能值，分为多种生产净能，对泌乳期母猪称为泌乳净能（MEl）。生长期猪称为增重净能（NEg）。

六、矿物质

矿物质在动物体内具有确切的生理功能和代谢作用，日粮供给不足或缺乏会导致缺乏症和生理变化。补给相应的矿物质元素，缺乏症即可消失的矿物质元素叫必需矿物质元素，可以按体内含量不同分为常量矿物质元素和微量矿物质元素。猪体内如果缺乏矿物质，轻则生长停止，重则出现矿物质缺乏症，严重者可造成死亡。

1. 常量矿物质元素

常量矿物质元素有钙、磷、钠、钾、氯、镁、硫等。

（1）钙、磷。

钙、磷是构成骨骼与牙齿的主要成分，两者加在一起占猪体矿物质含量的75%。日粮中缺乏钙、磷，或钙、磷比例不当，猪就会出现各种钙、磷缺乏症。

（2）镁。

镁参与骨骼和牙齿的组成，作为酶的活化因子或直接参与酶组成，参与遗传物质DNA、RNA和蛋白质合成，调节神经肌肉兴奋性，保证神经肌肉的正常功能。猪对镁的需要量较低，日常饲料即可满足需要。仔猪日粮中镁的含量低于125 mg/kg时可能产生缺乏，造成生长受阻，过度兴奋，痉挛，厌食，肌肉抽搐，甚至昏迷死亡。但是猪日粮中镁过量也造成动物中毒，主要表现为昏睡、运动失调、拉稀、采食量下降、生产力降低，甚至死亡。

（3）钠、氯、钾。

钠、氯、钾广泛存在于猪体的各种组织与乳汁中，对维持机体渗透压、调节酸碱平衡、控制水的代谢均有重要作用。日粮中缺钠会使猪对养分的利用率下降，而且能影响母猪的繁殖性能，可能还是导致相互咬尾或其他同类相残现象的一个因素；日粮中缺钾，猪的食欲明显变差；日粮中缺氯则导致猪的生长受阻。

（4）硫。

动物体内约含0.15%的硫，少量以硫酸盐的形式存在于血液中，大部分以有机硫形式存在于肌肉组织和骨齿中。猪缺硫表现为消瘦，角、蹄、毛生长缓慢。

2. 微量矿物质元素

这类矿物质因需要量极少，并且在猪体内的含量仅占体重的百万分之一以下，故称微量元素。常见的微量元素有铁、铜、锌、锰、碘、硒等。

（1）铁。

猪体内65%的铁存在于血液中，它与血液中氧的运输和细胞内的生物氧化过程关系密切，一旦缺铁就容易发生营养性贫血症。

（2）铜。

铜虽然不是血红素的组成成分，但它在血纤素与红细胞的形成过程中起催化作用。铜除与造血有关外，还与骨髓发育、中枢神经系统的正常代谢有关，也是肌肉内各种酶的组成成分与活化剂。

（3）锌。

猪缺锌会使皮肤抵抗力下降，发生皮肤角化不全、结痂、脱毛、食欲减退、日增重下降、饲料利用率降低等症状，母猪则产仔数减少，仔猪初生重下降，泌乳量减少。

（4）锰。

锰是几种重要生物催化剂的组成部分，与激素的关系十分密切。它对发情、排卵、胚胎、乳房及骨骼发育、泌乳及生长都有影响。猪缺锰会导致骨骼变形，生长缓慢，性机能衰退。

（5）碘。

碘是合成甲状腺素的主要成分。如果妊娠母猪日粮中缺碘，所产仔猪颈大、无毛或少毛、皮肤粗厚并有黏液性水肿，大多数仔猪出生时还存活着，甚至体重大于健康猪，但是身体虚弱，经常在出生后几天内陆续死亡，成活率较低。

（6）硒。

硒是猪生命活动必需的元素之一。经调查发现，我国东北、西北及山东不少地区的土壤和饲料中常有缺硒的情况。用缺硒的饲料喂猪容易发生缺硒症。硒对繁殖猪的作用与维生素E相似，补饲硒可降低猪对维生素E的需要量，并减轻因维生素E缺乏给猪带来的损失。硒与维生素E的代谢关系密切，当猪同时缺乏维生素E和硒时，缺硒症会很快表现出来；硒不足，但维生素E充足，猪的缺硒症则不容易表现出来。

七、维生素

维生素既是维持动物生命活动所必需的有机类营养物质，也是保持动物健康的重要活性物质，它影响动物体内的多种代谢过程。维生素不是构成机体组织和细胞的组成成分，它也不会产生能量，其作用主要是参与机体代谢的调节，许多维生素是辅基或辅酶的组成部分。各种动物对维生素的需要量普遍都很少，日需要量常以毫克或微克计算，但如果长期缺乏，就会引起相应的生理机能障碍而发生某种疾病，从而对动物健康造成损害。按照溶解性可将维生素分为脂溶性和水溶性两大类。脂溶性维生素包括维生素A、维生素D、维生素E、维生素K。水溶性维生素包括整个B族维生素和维生素C。

1. 维生素A

维生素A是猪的维生素营养中最重要的一种，主要生理功能是维持呼吸道、消化道、生殖道上皮细胞或黏膜的结构完整与健全，增强机体对环境的适应能力和对疾病的抵抗能力。

仔猪缺乏维生素A时，早期易发生脊背凸起，但食欲正常，还会出现消化不良，腹泻，下痢，皮肤干燥，视力下降，后期则会表现神经机能紊乱，四肢行走困难，继发肝炎等，严重时可引起死亡。母猪维生素A不足时，性周期不正常，卵细胞形成减少，并缺乏生命力，即使受胎也很容易引起流产和死胎，有时还会出现无眼球及“兔唇”等畸形仔猪。维生素A缺乏时，公猪精液品质下降。

青绿多汁饲料中含有大量胡萝卜素，经过猪体内消化吸收，能在肝脏、小肠和乳腺中转化为维生素A，供机体利用，必要时，可补充维生素添加剂或者鱼肝油。

2. 维生素D

维生素D与钙、磷的吸收利用有密切关系。主要生理功能是降低肠道pH值，从而促进钙、磷吸收，保证骨骼正常生长发育。也就是说只有在维生素D的参与下，钙和磷才能在构成骨骼和牙齿等组织的过程中发生作用，否则即使钙、磷含量丰富、比例恰当，其利用率也大为降低。

长期缺乏维生素D可阻碍钙、磷的吸收和代谢，引起骨质钙化不全，使仔猪患佝偻病，成年猪则发生骨骼无机盐溶解而患软骨症。妊娠母猪严重缺乏维生素D时，不仅生下的仔猪体质衰弱，而且会生下畸形仔猪。维生素D_3缺乏会引起钙磷代谢紊乱，骨骼钙化停止，影响其他矿物质的吸收和排泄，造成猪只生长缓慢。

一般青绿饲料中维生素D的含量很低，有的饲料甚至不含维生素D，如青草、根茎类和谷类饲料。但大多数植物性饲料中含有麦角固醇，收割下来后，通过日光中的紫外线照射，麦角固醇能转变成维生素D_3。动物性饲料鱼肝油和肝粉中维生素D含量最丰富。另外，猪的皮肤中有少量的7-脱氢胆固醇，经日光中的紫外线照射后能转变成维生素D_3。为防止猪发生维生素D缺乏症，最有效、最简单的方法是让猪经常晒太阳，这对于怀孕母猪、泌乳母猪和仔猪尤其重要。

3. 维生素E

维生素E是一种抗氧化剂和代谢调节剂，与硒和胱氨酸有协同作用，对消化道和体组织中的维生素A有保护作用，还具有保护生殖系统正常功能的作用，其与神经、肌肉组织代谢有关。缺乏时可使公猪射精量减少，精子活力下降，严重时睾丸萎缩退化，不产生精子；使母猪受胎率下降，受胎后易产生流产或者死胎；幼猪发生白肌病，严重时引起死亡。青绿饲料、麦芽、种子的胚芽与棉籽油中维生素E含量都很丰富，一般是不会缺乏的。

4. 维生素K

维生素K主要参与催化凝血酶原合成，缺乏时可使猪的凝血时间延长，并产生血尿与呼吸异常，尤其是仔猪，会发生全身性皮下出血。通常绿色饲料（苜蓿、菠菜）含维生素K较多，还有动物的肝脏内含量也很丰富。

5. B族维生素

（1）维生素B_1（硫胺素）。

维生素B_1主要参与碳水化合物的代谢，维持神经组织和心肌正常，有提高胃肠消化机能的作用。缺乏时，可使猪食欲减退，胃肠机能紊乱，心肌萎缩或坏死，神经发生炎症、疼痛、痉挛等。通常在糠麸、青绿饲料、胚芽、草粉、豆类、发酵饲料、酵母粉等饲料中均含有维生素B_1，还有猪体内也可以合成，故一般不会缺乏。

（2）维生素B_2（核黄素）。

维生素B_2主要对体内氧化还原反应起调节作用，以调节细胞呼吸、维持胚胎正常发育。缺乏时猪只食欲不振，生长停止，皮毛粗糙，有时有皮屑、溃疡及脂肪溢出的现象，眼角分泌物增多；仔猪缺乏核黄素时，常发生食欲不振、脱毛、生长缓慢等症状；后备母猪缺乏时，表现食欲时好时坏，增重迅速下降；妊娠母猪则有可能出现体内胎儿被吸收或妊娠后期胎儿死亡，有的生下无毛的仔猪等；公猪睾丸萎缩。有时会出现所产仔猪全部死亡或产后数小时死亡的现象。维生素B_2多存在于青绿饲料、干草粉、酵母、鱼粉、糠麸、小麦等饲料中，当猪舍温度较低时，维生素B_2的需要量就会增加。

（3）维生素B_3（泛酸）。

维生素B_3是辅酶A的组成成分，与碳水化合物、脂肪和蛋白质的代谢有关。猪缺乏维生素B_3时，会发生运动失调、四肢僵硬、鹅步、脱毛等症状。长期饲喂熟食时，猪常常表现有不同程度的泛酸缺乏症。豆科青草、糠麸、花生饼等泛酸含量丰富。

（4）维生素B_5（烟酸）。

维生素B_5为皮肤和消化器官正常生理活动所必需。猪缺乏维生素B_5时，会发生皮肤脱落性皮炎，食欲下降或消失，呕吐下痢，后肢肌肉麻痹，唇舌有溃疡病变，贫血，大肠有溃疡病变，心肝及体重减轻等。长期以玉米为主要日粮时，猪常常表现有不同程度的烟酸缺乏症。多汁青绿饲料、牧草、麦麸、油饼类、酵母和鱼粉中维生素B_5含量丰富。

（5）维生素B_6（吡哆醇）。

维生素B_6是蛋白质代谢的一种辅酶，参与碳水化合物和脂肪代谢，在色氨酸转变为烟酸和脂肪酸过程中起重要作用。猪缺乏维生素B_6时，会发生食欲减退，生长缓慢；严重时，眼周围出现褐色渗出液，并伴有抽搐、共济失调、昏迷和死亡。禾谷类籽实及加工副产物中维生素B_6含量丰富。

（6）维生素B_7（生物素）。

维生素B_7以辅酶形式广泛参与各种有机物质的代谢。猪缺乏维生素B_7时，会发生过度脱毛、皮肤溃烂和皮炎、眼周渗出液、嘴黏膜炎、蹄横裂、脚垫裂缝并出血等症状。在鱼肝油、酵母、青绿饲料、糠麸中含量丰富。

（7）维生素B_{11}（叶酸）。

维生素B_{11}以辅酶形式参与嘌呤、嘧啶、胆碱的合成和某些氨基酸的代谢。缺乏时，表现为贫血和白细胞减少，繁殖和泌乳紊乱。在青绿饲料、酵母、大豆饼、麸皮、小麦胚芽中含量丰富。

（8）维生素B_{12}（钴胺素）。

维生素B_{12}以钴胺辅酶形式参与各种代谢活动；有助于提高造血机能和日粮蛋白质利用率。缺乏时表现为贫血，骨髓增生，肝脏和甲状腺增大，母猪易引起流产、胚胎异常和产仔数减少。在动物肝脏、鱼粉、肉粉中含量丰富。

6. 维生素C（抗坏血酸）

维生素C具有可逆的氧化性和还原性，广泛参与机体的多种生化反应；能刺激肾上腺皮质合成；促进肠道内铁的吸收，使叶酸还原成四氢叶酸。缺乏时，猪易患坏血病，生长停滞，体重减轻，关节变软，身体各部位出血、贫血，适应性和抗病力降低。在青绿饲料中含量丰富。

7. 胆碱

胆碱是构成卵磷脂的成分，主要参与脂肪和蛋白质代谢，也是蛋氨酸合成时的甲基来源。缺乏时，仔猪表现为增重减慢、发育不良、被毛粗糙、贫血虚弱、共济失调、步态不平和蹒跚，关节松弛和脂肪肝；母猪繁殖机能和泌乳能力下降，仔猪成活率低，断奶重小。在小麦胚芽、鱼粉、豆饼、甘蓝、氯化胆碱中含量丰富。

第三节 猪用饲料原料

饲料是满足一切动物营养需要，是维持生命活动和生产动物产品的物质基础。动物产品如肉、蛋、奶、脂肪、裘皮、羽毛以及役用动物的劳役等，都是采食饲料中的养分经体内转化而获得的。只有了解各种饲料的营养特点，才能做到对其合理利用。猪用饲料原料是生产各种配合饲料，满足机体的生长、繁殖和形成高质量产品的物质基础。

一、饲料原料分类

根据动物营养科学的进展，为适应饲料工业和养殖业生产的需要，由美国学者哈理斯（L.E.Harris，1956）根据饲料的营养特性，提出的国际饲料分类原则和编码体系，已被世界多数国家承认并接受。1983年中国农业科学院畜牧研究所，根据国际饲料命名及分类原则，按饲料营养特性分为青绿饲料、粗饲料、青贮饲料、能量饲料、蛋白质饲料、矿物质饲料、维生素饲料、添加剂八大类。并使其命名具有数字化，各种饲料均有编码。八大类饲料的具体分类说明如下：

1. 青绿饲料

天然水分含量为60%及60%以上的青绿饲料、树叶类以及非淀粉质的块根块茎瓜果类，不考虑其折干后的粗蛋白质及纤维含量（图3-2）。

图3-2　青绿饲料

2. 粗饲料

干草类（包括牧草）、农副产品类（包括荚、壳、藤、蔓、秸、秧）及绝干物中粗纤维含量为18%及以上的糟渣类、树叶类和添加剂及其他类。糟渣类中水分含量凡不属于天然水分者应区别于青绿饲料。

3. 青贮饲料

用新鲜的天然植物性饲料调制成的青贮及加有适量糠麸或其他添加物的青贮饲料，包括水分含量在45%以上（包括45%）的低水分青贮（半干青贮）。

4. 能量饲料

在绝干物质中粗纤维含量低于18%，同时粗蛋白质含量低于20%的谷实类、糠麸类、草籽树实类、淀粉质的块根块茎瓜果类及其他类。

5. 蛋白质饲料

绝干物质中粗纤维含量低于18%，同时粗蛋白质含量为20%及20%以上的豆类、油饼类、动物性饲料及其他类。

6. 矿物质饲料

包括人工合成的，天然单一的矿物质饲料，多种混合的矿物质饲料，以及配合有载体或赋形剂的痕量、微量、常量元素的饲料。

7. 维生素饲料

指工业合成或提纯的单一种维生素或复合维生素，但不包括某些维生素含量较多的天然饲料。

8. 添加剂

不包括矿物质饲料和维生素饲料在内的所有的添加剂。主要指各种用于强化饲养效果和有利于配合饲料生产和贮存的非营养性添加剂原料及其配制产品，如各种抗生素、防霉剂、抗氧化剂、黏结剂、疏散剂、着色剂、增味剂以及保健与代谢调节药物等。但在实际生产中，往往把氨基酸、微量元素、维生素等也当作添加剂。

二、云南饲料原料分布利用现状

1. 能量饲料

（1）玉米。

玉米是云南省主要粮食之一，也是重要的能量饲料原料，全省各地均有种植，曲靖、昭通、昆明、红河、文山、思茅、大理、保山、临沧为其主要产区。种植品种以硬粒型为主，还有糯质型、中间型、马牙型、甜粉型和粉质型等。其粗蛋白质含量平均为7.9%，其中京早7号粗蛋白质含量最高，为12.9%，中间型最低为6.17%。

（2）小麦。

小麦是云南省主要粮食之一，大理、曲靖、楚雄、玉溪、昆明、丽江、保山、德宏8个地州市为主要产区。种植品种有高筋型、中筋型和低筋型。其粗蛋白质含量平均为10.6%。

（3）稻谷。

稻谷主要在海拔2 300 m以下种植，重点产区有昆明、红河、曲靖、楚雄、玉溪、思茅、文山、西双版纳、大理、保山、德宏、临沧12个地州市。其粗蛋白质含量平均为6.8%。

（4）荞麦。

荞麦属于蓼科植物，由于它的生长期只有60～80天，在大田耕作制度的安排上，利用季节的空隙抢种一季荞麦是提高复种指数的一个好措施。荞麦籽实可以作为能量饲料，它的籽实有一层粗糙的外壳，约占重量的30%，故粗纤维含量较高达12%左右。但其他方面的营养特性均符合谷实类饲料的通性，故其能量价值仍然较高。

（5）米糠。

米糠是糙米（去壳的谷粒）精制成的大米的果皮、种皮、外胚乳和糊粉层等的混合物，由于加工工艺不同，云南省米糠有细米糠和混合米糠之分。细米糠的出糠率为5%～8%，营养价值较高，其中粗蛋白质含量为12.8%，赖氨酸含量为0.60%，亮氨酸含量为0.72%，甘氨酸含量为0.61%。但大多数地方，在加工过程中，都是连同谷壳一起碾细生产混合型米糠。粗蛋白质含量为4.7%，目前农民大部分用作饲料。

（6）糖渣。

糖渣为制糖工业中的副产物，也是很好的能量饲料资源。

（7）马铃薯。

马铃薯是主要的粮食与蔬菜，也是农民养猪中主要的能量饲料。全省大部分地区均可种植，昭通、曲靖、丽江3个地区为主产区。干物质中粗蛋白质含量为6.7%。茎叶中主要含有毒物质龙葵素，薯块中含量较少，但新发嫩芽薯块中含量更多，尽量避免使用发芽薯块做饲料。

（8）芭蕉芋。

芭蕉芋是农户养猪的主要饲料来源之一。在云南种植范围很广，思茅、红河、文山、昭通、曲靖为重点产区。干物质中粗蛋白质含量为3.6%，总能3.68 Mcal①/kg。

（9）甘薯。

甘薯俗名红薯、红苕、白薯等，是云南省江边、河谷及低海拔高热地区的主要农作物之一。其薯块风干物中含粗蛋白质3.5%，总能3.8 Mcal/kg。甘薯是农村主要的饲料来源之一，薯藤也是很好的青绿饲料。

（10）木薯。

木薯在红河、文山、思茅、西双版纳、德宏、临沧等地州有零星种植。其风干物中含粗蛋白质5.3%，总能3.52 Mcal/kg。鲜薯中含有氢氰酸，经干燥可去除大部分，但用作饲料时应引起注意。据试验，用木薯替代20%～30%的玉米喂猪效果不减。

---

① 1 Mcal≈4.184 MJ。

2. 蛋白质饲料

（1）蚕豆。

蚕豆在除金平、河口、畹町及海拔500 m以下的河谷地区外，其余大部分地区均有种植，是农户蛋白质饲料的主要来源之一。风干物中含粗蛋白质23.7%，总能3.99 Mcal/kg。

（2）大豆。

云南省大部分地区均有种植，大部分供人食用，只有少量做饲料原料。风干物中含粗蛋白质37.8%，总能4.97 Mcal/kg。

（3）菜籽饼粕。

菜籽饼是油菜籽经过压榨提油后的副产品。在云南分布较广，但多为分散压榨，产品质量参差不齐。昆明、曲靖、昭通等为重点产区。风干物中含粗蛋白质32.4%，总能4.57 Mcal/kg。

（4）小麦麸。

小麦麸是生产面粉的副产物。由于麦麸能值低，粗纤维含量高，容积大，不宜用量过多，一般可占日粮的10%左右。有效能值相对较低。另外，麦麸具有缓泻、通便的功能，可用于调节日粮能量浓度，起到限饲作用。麦麸营养价值与粗纤维含量呈负相关。

（5）豆腐渣。

豆腐渣是制作豆腐后的副产物。红河哈尼族彝族自治州的石屏、蒙自等市县，其产量较多。农户可用其加工成配合饲料养猪。风干物中含粗蛋白质18.5%，总能4.37 Mcal/kg。

（6）橡胶籽仁饼粕。

橡胶籽仁饼粕是橡胶籽经过压榨提油后的副产品。思茅、西双版纳、德宏、临沧等热带亚热带地区主产。风干物中含粗蛋白质20.8%，总能3.57 Mcal/kg。

（7）茶籽仁饼粕。

茶籽仁饼粕是茶籽经过压榨提油后的副产品。临沧、思茅、西双版纳、德宏、保山、玉溪等产茶地区主产。风干物中含粗蛋白质10.0%，总能4.22 Mcal/kg。

（8）蚕蛹。

蚕蛹是蚕茧经过抽丝加工后的副产品，是优质的动物蛋白质饲料。曲靖和大理等地素有种桑养蚕的传统，也是蚕蛹的主产区。

3. 粗饲料

（1）苕子。

部分农户用其鲜草养猪，也有加工成干粉使用的，以弥补云南省动物饲料糠麸不足。除西双版纳、德宏州外，其余州市均有种植。

（2）牧草。

云南省所有州市均在推广种植牧草，主要品种是红、白三叶，一年生、多年生黑麦草，紫花苜蓿、鸭茅等。农户用鲜草进行掉架子养猪。

（3）菜叶。

包括叶菜及块根、块茎和瓜类的茎叶，如甘蓝、白菜、青菜、苋菜、甘薯藤、甜菜茎叶、胡萝卜茎叶、马铃薯茎叶等。这类饲料一般水分含量均较高，所以单位重量青绿饲料所能提供的能量和营养物质有限，但粗纤维少，维生素丰富，矿物质比例适宜，生物利用率高。最适合于广大农村养猪补饲。

三、云南猪常用饲料原料营养价值

云南省本地常用饲料原料营养成分见表3-1。

表3-1　云南常用饲料原料营养成分

饲料名称	样品数量（份）	干物质（%DM）	粗蛋白质（%DM）	粗脂肪（%DM）	粗纤维（%DM）	无氮浸出物（%DM）	粗灰分（%DM）	钙（%DM）	磷（%DM）
玉米	92	87.4	7.9	4.2	2.2	71.9	1.3	0.03	0.24
小麦	82	88.0	10.6	1.8	2.6	71.3	1.7	0.06	0.34
稻谷	10	89.7	6.8	2.0	8.8	67.8	4.4	0.10	0.32
荞麦	8	86.7	8.8	2.2	12.8	61.2	2.6	0.05	0.33
米糠	4	89.6	12.8	11.1	11.5	44.8	9.4	0.16	0.74
糖渣	6	93.9	4.0	—	—	79.6	10.3	1.36	1.18
马铃薯	8	86.8	6.7	0.3	2.7	73.7	3.5	0.06	0.16
芭蕉芋	8	88.9	3.6	0.5	3.5	76.4	4.9	0.14	0.15
甘薯	7	89.9	3.5	0.9	3.0	79.7	2.5	0.19	0.15
木薯	12	88.5	5.3	0.5	1.2	79.2	2.3	0.23	0.17

（续表）

饲料名称	样品数量（份）	干物质（%DM）	粗蛋白质（%DM）	粗脂肪（%DM）	粗纤维（%DM）	无氮浸出物（%DM）	粗灰分（%DM）	钙（%DM）	磷（%DM）
蚕豆	42	88.4	23.7	1.4	6.3	53.5	2.9	0.11	0.43
大豆	28	90.6	37.8	15.5	5.0	27.3	4.8	0.28	0.55
鱼粉	4	92.5	63.1	—	—	—	24.4	4.18	2.77
菜籽饼	47	92.9	32.4	8.9	11.4	33.5	6.7	0.59	1.07
小麦麸	22	89.3	3.8	8.9	58.4	13.5	4.7	0.16	0.69
酒糟	2	86.81	33.89	11.38	4.28	34.48	2.78	0.61	0.31
豆腐渣	5	90.0	18.5	5.3	19.6	43.7	3.2	0.33	0.31
橡胶籽饼	3	93.6	20.8	8.7	28.3	32.0	4.0	0.21	0.45
茶籽仁	1	88.0	10.0	27.0	3.2	57.4	2.4	—	—
蚕蛹	3	92.0	55.5	25.7	—	6.7	4.1	—	0.67
苕子（风干）	1	57.5	16.21	2.10	30.62	42.7	8.57	—	—
牧草（风干）	14	91.44	18.02	4.68	24.37	33.36	11.01	0.64	0.27
白菜叶		5.1	0.85	0.1	0.55	3.15	1.2	0.15	0.48
磷酸氢钙	30	87.0	—	—	—	—	—	24.70	17.97
石粉			—	—	—	—	—	38.00	

注：资料来源于《云南饲料资源及营养评价》。

第四节 饲料配制

一、配合饲料的种类

1. 添加剂预混料

添加剂预混料是由营养物质添加剂（维生素、氨基酸和微量元素）和非营养物质添加剂（抗氧化剂等），并以石粉、小麦麸或米糠为载体，按规定量进行预混合的一种产品。另外还有一种单一预混料，如微量元素预混料、维生素预混料等。预混料是全价配合饲料的重要组成部分，虽然只占全价料的0.25%～3%，但却是提高饲料产品质量的核心部分。

2. 浓缩饲料

是由添加剂预混料、蛋白质饲料和常量矿物质饲料等按一定比例配合而成。蛋白质含量一般在30%～45%。农户一般在市场上购买，买回后和能量饲料混合使用。

3. 全价配合饲料

是根据猪的不同品种、不同生理阶段和生产水平，把多种饲料原料和添加剂预混料按一定的加工工艺配制而成的均匀一致、营养价值完全的饲料。可直接饲用，无须添加任何饲料或添加剂。

二、饲料配合原则

1. 营养原则

根据养殖实际及养殖对象品种、生理阶段、养殖环境等因素，选用正确的饲养标准。

2. 适宜原则

根据猪的消化生理特点，选用适宜的饲料原料，并结合不同原料特点，配制出适口性好，营养均衡的饲料。

3. 经济原则

因地制宜，尽可能选用当地营养丰富且价格低廉的原料进行配合，以降低饲料费用。

4. 安全原则

配制饲料时，应符合国家饲料卫生质量标准，饲料中有毒有害物质、药物、细菌、霉菌、重金属等含量必须控制在允许的范围内。

三、日粮配方设计

1. 正确选用饲养标准

猪的营养需要是指猪在生长发育、繁殖、生产等生理活动中每天对能量、蛋白质、维生素和矿物质的需要量。而饲养标准是以猪的营养需要为基础，经过多次试验和反复验证后，对某一类猪在特定的环境和生理状态下的营养需要得出一个在生产中应用的估计值。目前猪的饲养标准主要有：中国猪饲养标准（2004）、日本猪饲养标准（1998）、美国NRC标准（2012）、英国ARC标准（2003）、法国AEC标准（1993）、德国FBN标准（2003）、澳大利亚联邦科学与工业组织（CSIRO）标准和丹麦猪饲养标准（2007）等。在这些饲养标准中，详细规定了猪在不同生长时期和生产阶段，每千克日粮中应含有的能量、蛋白质、各种必需氨基酸、矿物质及维生素的含量或每天需要的各种营养物质的数量。有了饲养标准，就可以按照饲养标准来设计日粮配方，进行日粮配制，避免实际饲养中的盲目性。但猪的营养需要受猪的品种、生产性能、饲养条件等多种因素影响，选择标准应因猪制宜，因地制宜，因场制宜。

2. 合理选用原料

参照《中国饲料成分及营养价值表》，并充分考虑收获季节、成熟期、加工方式、品种、贮藏等因素，准确掌握常用饲料的成分及营养价值，和当地可以利用的饲料原料及农副产品等，作为饲料原料进行饲料配方设计。

3. 饲料配方设计

饲料配方设计十分重要，考虑的因素也比较多，如原料容重、饲喂方式、加工工艺、适口性、原料价格及营养成分等，同时还要考虑原料组合特性，各原料间的相互关系，进行科学搭配。饲料配方设计方法较多，一般猪场比较常用的有试差法和计算机法。

（1）试差法。

试差法就是按饲养标准要求，先设定各原料的初步比例，然后计算出营养价值并与饲料标准对比，若某种营养不足或多余时，通过调整饲料比例，这样通过多次调整，直到所有的营养指标都满足要求为止。

例如，利用玉米、麦麸、豆饼、菜籽饼、骨粉和食盐，为体重35～60 kg肥育猪配合混合饲料，步骤如下。

第一步，在“猪的饲养标准”表中，可查出体重35～60 kg瘦肉型肥育猪，日增重为690 g，每天需要摄入的营养为：消化能25.44 MJ，粗蛋白质312 g，赖氨酸15.6 g，钙10.45 g，总磷9.12 g。

第二步，如果每天每头猪采食饲料量1.9 kg，则可计算出每千克饲料的营养浓度为消化能13.39 MJ，粗蛋白质16.4%，赖氨酸0.82%，钙0.55%，磷0.48%。

第三步，在中国饲料数据库查找到玉米、麦麸、豆饼、菜籽饼等饲料原料的营养成分含量（表3-2）。

表3-2　玉米、麦麸、豆饼、菜籽饼等饲料原料的营养成分含量

饲料原料	猪消化能（kJ/kg）	粗蛋白质（%）	粗脂肪（%）	粗纤维（%）	无氮浸出物（%）	钙（%）	磷（%）
玉米	14.43	8.5	5.3	2.6	68.3	0.16	0.25
麦麸	9.37	14.3	4.0	6.8	57.1	0.1	0.93
豆粕	14.26	44.2	1.9	5.9	28.3	0.33	0.62
菜籽饼	12.05	35.7	7.4	11.4	26.3	0.59	0.96

第四步，按饲养标准要求，先初步估算原料所占百分比。如玉米60%，麦麸12%，豆粕16%，菜籽饼8%，预混料4%，共计100%。根据前面查出的各种原料的营养成分和初步估定的各种原料的用量，计算出各种原料的所含营养成分和总量。具体计算方法如下。

以粗蛋白质为例计算。

玉米：8.5%×60%=5.1%；麦麸：14.3%×12%=1.716%；

豆粕：44.2%×16%=7.072%；菜籽饼：35.7%×8%=2.856%。

用同样的方法再计算出粗脂肪、粗纤维、无氮浸出物、钙、磷和赖氨酸的含量，还可以计算维生素和其他氨基酸的含量。

第五步，将第一次估定的饲料用量计算结果列入表3-3，然后将各种原料的同类营养分别相加，得出每千克饲料所含的营养成分，然后与饲养标准进行对照（表3-3）。

表3-3　饲料用量计算结果

饲料原料	组成（%）	消化能（MJ）	粗蛋白质（%）	粗脂肪（%）	粗纤维（%）	无氮浸出物（%）	钙（%）	磷（%）
玉米	60	8.658	5.1	0.451	0.138	1.776	0.109	0.000
麦麸	12	1.124	1.716	0.572	0.272	3.883	0.057	0.001
豆粕	16	2.282	7.072	0.840	0.112	1.670	0.093	0.002
菜籽饼	8	0.964	2.856	2.642	0.844	2.998	0.155	0.006
预混料	4	—	0	0	0	0	0	0
共计	100	13.03	16.74	4.50	1.37	10.33	0.41	0.01
猪营养需要标准	—	13.39	16.4	—	—	—	0.55	0.48

从表中可以看出，初步估计的配方中，各营养成分与它的饲养标准要求比较，饲料营养浓度中粗蛋白质基本符合饲养标准要求，但估测配方中消化能、钙、磷的计量值偏低。所以第1次估定的配方不符合要求，需要对饲料原料的用量进行重新调整计算，直到计算结果与饲养标准基本一致。

（2）计算机法。

随着计算技术的发展，一些畜牧科技公司研发出饲料配方软件，如金牧饲料配方软件等。应用线性规划，在所给饲料种类和满足所求配方的各项营养指标的条件下，能使设计的配方成本最低。这种方法可以同时考虑多种原料和多个营养指标，且速度快，能调出最低成本的饲料配方。但计算机也只能是辅助设计，还需要有经验的营养专家进行修订、原料限制以及最终的检查确定。

四、配合饲料调制方法

先将维生素添加剂、微量元素添加剂，或抑菌促生长添加剂、抗氧化剂、香味剂等混入载体或稀释剂。一般都用玉米粉、麦麸或石粉作载体，形成预混剂。在预混剂中加入蛋白质饲料，一般是饼粕、鱼粉、肉粉等，形成浓缩料。在浓缩料中加入能量饲料原料，通常用玉米、大麦、稻谷或其他谷物饲料，这样就形成所需要的配合饲料。规模小的猪场，一般可直接将能量饲料、蛋白质饲料等比例较大者，按重量堆放一起，再将食盐、骨粉、维生素和微量元素放在一起，用玉米粉拌匀，然后加大玉米粉量，大约是标准配方的10%，拌好后将其撒在大堆上，然后充分搅拌均匀，这样配合料就配制好了。

配制过程中添加剂必须粉碎得很细，尤其是矿物质添加剂、多数为颗粒状，必须研磨细并过筛，与载体混合均匀，抛撒均匀，饲料中要求无异物，尤其是铁块、铁钉、石块等杂质不应有，不用发霉变质原料或有毒饲料，生大豆或生油粕要炒熟，但要掌握火候，防止糊化，配合饲料要充分搅拌，装袋或堆在阴凉干燥处，不能让配合饲料直接被阳光照射。

第五节 饲料加工

一、原料

购入的原料应满足原料采购标准，在加工前必须对饲料原料进行严格认真的检查。饲料原料的检查除感官检查和常规检查外，还应该测定内部的农药及铅、汞、镉、钼等有毒有害元素和工业三废在内的残留量。严禁使用不合格的原料生产饲料。如氟超标的磷酸氢钙，霉变的谷物和饼粕、酸败的油脂等。禁止使用转基因方法生产的饲料原料。禁止使用工业合成的油脂。禁止使用畜禽粪便。严禁使用违禁药物作饲料添加剂，如瘦肉精（β-兴奋剂）、激素、镇静剂等。积极采用新型安全与环保型饲料添加剂，如经检验合格使用的微生物制剂、酶制剂、寡聚糖、中草药、植物提取物、沸石等。少用或不用抗生素及其他药物添加剂，即便使用也要严格遵守添加剂量并严格执行停药期。

二、称重

购置符合要求的称量器具，并有足够的准确度和稳定性，满足饲料配方所提出的精确度，结构简单，易于操作和使用。称量人员要有高度的责任心，保证各种原料的准确称量，发现问题及时解决。

三、粉碎

粉碎加工主要包括打碎、压碎、压扁、切碎等将饲料物理形状适当改变的加工方法。主要针对一些籽粒类和饼粕饲料原料（如玉米、菜籽饼、豆粕等），进行粉碎加工。粉碎受原料种类、水分、筛孔大小等因素影响，不宜过粗或过细，常用3～6 mm筛片控制粒度。

四、配料

配料是整个饲料加工过程中的重要环节，药物、微量元素、小额成分等添加过量都会带来严重污染，配料中的微量和极微量成分，要在配料室内进行预稀释，达到配料称最大量的5%以上。配料时必须检查核对配方无误后方可生产，配料称量准确，饲料加工按加工工艺进行。混合时间，按设备性能应不少于规定时间。混合工序中，投料应按先大量、后小量的原则进行。有药物添加剂时，应先生产无药物添加的饲料，再生产有药物添加剂的饲料，生产后对设备进行清理，防止交叉污染。

五、混合

猪采食饲料要求所含营养成分均衡，因此必须进行搅拌。搅拌分为机械搅拌和手工搅拌。机械搅拌是使用搅拌混合机来搅拌饲料，饲料加工厂或规模养猪场都使用这一方法。搅拌混合机又分为立式和卧式两种。搅拌时间要根据原料种类、容重、颗粒大小等确定，一般为4～10 min。如搅拌时间过短，饲料没有混合均匀；搅拌时间过长，使饲料混合均匀后，又因过度混合而出现分层。

手工搅拌是通过人工的方法混合饲料。特别注意在日粮中占比较小但会严重影响饲养效果，甚至会造成猪群产生疾病、中毒和死亡的微量成分。对这些微量成分要先进行预混合，即取10%～20%的能量饲料如玉米面或麦麸等，作用载体单独堆放，然后将微量成分分散加入其中，用铁锹平地铲起，在旁边重新堆放，堆放时，后一锹的饲料应压在前一锹饲料上，一直往饲料堆顶上散落饲料，使饲料延堆顶中心均匀分散向下流动，呈圆锥形堆放。如此反复倒堆3～4次即可混合均匀。在原地翻动或搅拌饲料的方法都不可取。

六、制粒

颗粒饲料是配合饲料生产产品中的一种，是一种由全价混合料或单一饲料（牧草、饼粕等），经挤压作用制成的粒状饲料。通常是圆柱形，根据饲喂动物种类的不同而有各种尺寸。猪用颗粒饲料长约3～6 mm，制粒温度60～100℃，制粒过程饲料含水17%～18%，最终颗粒饲料含水10%左右。

第六节 饲料质量检测

一、采样与样品准备

1. 采样

（1）散装卡车。

使用抽样锥自每车5～10个不同角落处采样置于样品容器中混合。

（2）袋装饲料。

使用探针自10%袋数的饲料随机抽取置于样品容器中混合。

（3）液体原料。

使用液体抽样器自罐槽车抽取约3 L样品。桶装液体原料自10%的桶数抽取样品混合。

2. 样品处理

由每批中抽取的饲料样品混合搅拌均匀，使用四分法约采取500 g样品，分成两份，一份供鉴定或分析，一份供备查用。

以20号孔径筛网过滤10～15 g饲料，较粗的杂物即可以辨认，较细的杂物亦可以镜检辨认，若未经过滤，则连较粗杂物也检不出。因较粗杂物被正常较细成分所覆盖。

将10～30 g饲料置于100 mm × 16 mm试管，倒入2/3的氯仿（$CHCL_3$）或四氯化碳（CCL_4），充分振荡，静置2～3 min，用牛角匙取出上层较轻部分，用滤纸等待干燥后进行镜检。小心倒出上层液体，其次取出下层沉淀物质，干燥后镜检。

二、质量检测

1. 感观检测

以感觉器官为鉴定的器具，是一种最简单且最初步的检查方法。经验及熟练是最重要的先决条件。

（1）看。

观察饲料的外观、形状、色泽、有无霉变、是否有虫子、硬块、异物、夹杂物和均匀性等。鉴定时，如供试品为白色，则置于黑纸上鉴定；如供试品为黑色则置于白纸上鉴定，其他色的供试品宜于白色纸上鉴定效果较好。鉴定时应注意光线的明暗，必要时可借助放大镜，观察的目的在于识别标示物的特征，并注意掺杂物、虫蚀和有无有害微生物污染、感染等。

（2）闻。

通过嗅觉来鉴别具有特殊气味的饲料，并观察饲料有无霉臭、腐臭、氨臭和焦臭等异味。臭味很强时，供试品很远即可被鼻黏膜感受出来。如判断困难时可加温水搅拌使其臭味散发而易被判定。

（3）尝。

通过舌舔或牙咬来检查味道、硬度或口感。为避免有害物质对人体健康的影响，用口鉴定后，应用水漱口。

（4）听。

某些供试品，如干燥良好则振动时发出金属音，反之水分高时则无金属音。

（5）触。

将样品放在手上，用手指捻，通过感触来观察其粒度大小、硬度、黏稠度、有无夹杂物及水分多少等。

2. 物理检测

（1）显微镜鉴定法。

利用显微镜对饲料进行细微观察，从而判断饲料中的组成成分。称取20～50 g试料利用直径0.5 mm、1.2 mm筛分后，以5～20倍率显微镜观察。检察饲料中的异物（糠壳、有毒植物）和正常成分，特别是细小粒子部分中混合的异物。

（2）容重鉴定法。

不同饲料有其不同的固有容重。测定结果不合乎被检饲料固有容重，则说明饲料不纯或不合乎要求。一些常用饲料容重见表3-4。

表3-4　一些常见饲料容重

饲料	容重（g/L）	饲料	容重（g/L）
玉米	730	豆饼	340
大麦	580	棉籽饼	480
燕麦	440	鱼粉	700
米糠	360	碳酸盐	850
碎米	750	食盐	830
糙米	840	粗贝壳粉	630
碎玉米	580	豆饼粉	520

（3）密度鉴定法。

根据不同液体密度不同的特点，可鉴别出混合饲料中的异物及饲料组成。如用水可以鉴别出混入饲料中的砂石量。

3. 化学检测

（1）定性分析。

方法较多，如用碘可检查淀粉、用燃烧方法可检查动物性或植物性饲料，用灰化法检查饲料中土砂含量、用稀盐酸检查鱼粉中是否混合贝壳、石灰石粉等。

（2）定量分析。

采用常规饲料营养成分分析方法参见相关国家标准。

4. 微生物学检测

饲料制造及贮藏方法不当，常会引起霉菌和细菌的繁殖及有害寄生虫等混入。如禽畜摄取此类饲料，则将会有不良的影响，不但影响生长，且易感染疾病。可购置微生物检测试剂盒对饲料中的微生物进行定性检测，必要时进行实验室定量检测，根据检测结果判断饲料是否可用。

5. 动物试验

以上各种检查法均为间接的，如以动物试验则为直接的鉴定方法，其效果较佳。但其所需的时间、经费等则较多。一般动物试验方法有饲养试验、生长试验、消化试验、代谢试验及有害物质试验等，其使用禽畜一般以豚鼠及小白鼠较多。其详细方法请参阅有关营养学等工具书。

第七节 几种常见饲料原料掺假识别方法

一、菜籽粕

1. 感官检查

正常的菜籽粕为黄色或浅褐色。具有浓厚的油香味，这种油香味较特殊、其他原料不具备，同时菜籽粕有一定的油光性，用手抓时，有疏松感觉，而掺假菜籽粕油香味淡、颜色也暗淡、无油光性，用手抓时，感觉较沉。

2. 盐酸检查

正常的菜籽粕加入适量的10%的盐酸，没有气泡产生，而掺假的菜籽粕加入10%的盐酸，则有大量的气泡产生。

3. 粗蛋白质检查

正常的菜籽粕其粗蛋白质含量一般都在33%以上，而掺假的菜籽粕其粗蛋白质含量较低。

4. 灰分检查

正常的菜籽粕的粗灰分含量应≤9%，而掺假的菜籽粕其粗灰分含量则很高。

二、麦麸

1. 水浸法

此法对掺有贝粉、砂土、花生皮者较明显。方法是：取5 ~ 10 g麸皮于小烧杯中，加入10倍的水搅拌，静置10 min，将烧杯倾斜，若掺假则看到底面有贝粉、砂土，上面浮有花生壳。

2. 盐酸法

取试样少量于小烧杯中，加入10%的盐酸，若出现气泡，则说明掺有贝粉、石粉。

3. 成分分析法

麦麸粗蛋白质含量一般在13%～17%，粗灰分在5%以下，粗纤维低于10%，可依据此标准进行验证。

三、玉米蛋白粉

玉米蛋白粉掺假主要是尿素掺假。掺尿素的检查方法如下：称取10 g样品于烧杯中，加入100 mL蒸馏水搅拌、过滤，取滤液1 mL于点滴板上，加入2～3滴甲基红指示剂（0.1%），再滴加2～3滴尿素酶溶液（0.2%），约经5 min，如点滴板上呈深红色，则说明样品中掺有尿素。

四、鱼粉

1. 感观检查法

（1）视觉。

优质鱼粉颜色一致，呈红棕色、黄棕色或黄褐色等，细度均匀。劣质鱼粉为浅黄色、青白色或黑褐色，细度和均匀度较差，掺假鱼粉为黄白色或红黄色，细度和均匀变差，掺入风化土鱼粉色泽偏黄。

（2）嗅觉。

优质鱼粉有咸腥味，劣质鱼粉为腥臭或腐臭味，掺假鱼粉有淡腥味、油脂味或氨味等异味，掺有棉籽粕和菜籽粕的鱼粉、有棉籽粕和菜籽粕味，掺有尿素的鱼粉，略具氨味，掺入油渣的鱼粉有油脂味。

（3）触觉。

优质鱼粉手捻质地柔软呈鱼松状、无砂粒感、劣质鱼粉和掺假鱼粉手捻有砂粒感、手感较硬、质地粗糙磨手，如结块发黏，说明已酸败，强捻散后呈灰白色说明已发霉。

2. 物理检验

（1）鱼粉中掺有麸皮、花生壳粉、稻壳粉的检验。

取3 g鱼粉样品置于100 mL玻璃烧杯中，加入5倍水，充分搅拌后静置10～15 min，麸皮、花生壳粉、稻壳粉因比重轻，浮在水面上。

（2）鱼粉中掺沙子的检验。

取3 g鱼粉样品，置于100 mL的玻璃烧杯中，加5倍水，充分搅拌后静置10～15 min，鱼粉、沙子均沉于底部，再轻轻搅动，鱼粉即浮动起来，随水流转动而旋转，而沙子比重大，稍旋转即沉于杯底，此刻可观察到沙子的存在。

（3）鱼粉中植物性蛋白质的检验。

取适量鱼粉用火燃烧，如发出与纯毛发燃烧后相同的气味，则为鱼粉，而具有炒谷物的香味，则说明其中混杂了植物蛋白质。

（4）测容重法。

粒度为1.5 mm的纯鱼粉，容重为550～600 g/L，如果容重偏大或偏小，均不是纯鱼粉。

3. 化学检验

（1）鱼粉中掺杂锯末（木质素）的检验。

将少量鱼粉置于培养皿器中，加入浓度为95%的乙醇浸泡样品、再滴入几滴浓盐酸，若出现深红色，加水后深红色物质浮在水面，则说明鱼粉中掺有锯末类物质。

（2）鱼粉中掺入淀粉类物质的检验。

可用碘蓝反应来鉴定，其方法是取试样2～3 g置于烧杯中，加入2～3倍水后，加热1 min，冷却后滴加碘-碘化钾溶液（取碘化钾 5g溶于100 mL水中，再加碘2 g）若鱼粉中掺有淀粉类物质，则颜色变蓝，随掺入淀粉的增加，颜色由蓝变紫。

（3）鱼粉中掺入碳酸钙粉、石粉、蛋壳粉的检验。

可利用盐酸对碳酸盐的反应产生二氧化碳气体来判断，其方法是取试样10 g，放在烧杯中，加入2 mL盐酸，立即产生大量气泡，即为掺入了上述物质。

（4）鱼粉中掺入纤维类物质的检验。

称取试样2～5 g，分别用1.25%硫酸和1.25%氢氧化钠溶液煮沸过滤、干燥后称重，纯鱼粉含纤维量极少，通常不超过1.0%。

（5）鱼粉中掺入皮革粉的检验。

取少许鱼粉样品于培养皿中，加入几滴钼酸铵溶液（以溶液浸没鱼粉为宜），静置5～10 min，如不发生颜色变化为皮革粉，如呈现绿色则为鱼粉。

钼酸铵溶液的配制，称取5 g钼酸铵溶解于100 mL H_2O中，再加入35 mL

的浓硝酸即可。

（6）鱼粉中掺入尿素的检验。

称取10 g样品于烧杯中，加入100 mL H_2O搅拌、过滤、取滤液1 mL于点滴板上，加2～3滴甲基红指示剂（0.1%）再滴加2～3滴尿素酶溶液（0.2%）约经5 min，如点滴板上呈深红色，则说明样品中掺有尿素。

（7）纯/粗蛋白质比值鉴别鱼粉掺假。

甲醛-尿素聚合物是常见的非蛋白氮掺入物，由于尿素以聚合物的形式存在，故用测定游离尿素的方法无法检出，根据纯/粗蛋白质比值来推断是否掺有这类高氮化合物，一般认为用纯/粗蛋白质的比值80%作为判别鱼粉是否掺有高氮化合物的指标，纯/粗蛋白质比值高于80%即没有掺入高氮聚合物。

（8）砂分含量鉴别鱼粉掺假。

用检测砂分的方法鉴别鱼粉掺假。一般鱼粉砂分≤3%，若>3%则说明有掺假或为劣质鱼粉。

五、磷酸氢钙

1. 手摩擦法

用手拈着试样用力磨擦以感觉试样的粗细程度，正常试样手感柔软、细粉状并且均匀，色泽呈白色或灰白色粉末，异常试样手感粗糙、有颗粒、粗细不均匀、色泽呈灰黄色或灰黑色粉状。

2. 酸溶法

称取试样1～5 g，加盐酸溶液（1：1）10～20 mL，加热溶解，正常试样全部溶解，不产泡，试样呈深黄色，透明清晰、微量沉淀（经过滤）异常试样部分溶解、有较多泡沫（即表示含石粉较多）；试样呈浅黄色或棕黄色、有混浊、沉淀物较多。

六、蛋氨酸

1. 外观鉴别

蛋氨酸是经水解或化学合成的单一氨基酸。一般呈白色或淡黄色的结晶。在正常光线下有反射光发出。市场上假蛋氨酸多呈粉末状。颜色为纯白色或浅白色，正常光线下没有反射光或只有零星反射光发出。

2. 手感鉴别

真蛋氨酸手感滑腻、无粗糙感觉，而假蛋氨酸一般手感粗糙不滑腻。

3. 气味口味鉴别

真蛋氨酸具有较浓的腥臭味，近闻刺鼻，用口尝试，带有少许甜味，而假蛋氨酸味较淡或有其他气味。

4. 溶解性

真蛋氨酸易溶于稀盐酸和稀氢氧化钠，略难溶于水，难溶于乙醇，不溶于乙醚，方法如下：取约5 g样品加100 mL蒸馏水溶解，摇动数次，约2 ~ 3 min后，溶液清亮无沉淀，则样品是真蛋氨酸，如溶液混浊或有沉淀则样品是假蛋氨酸。

5. 掺入碳酸盐的检验

有些假蛋氨酸中掺有大量的碳酸盐，如轻质碳酸钙等，具体检验方法是称取约1 g样品置于100 mL烧杯中，加入盐酸（1：1）20 mL，如样品中有大量气泡冒出，说明其中掺有大量碳酸盐，是假蛋氨酸，如没有气泡冒出，说明样品是真蛋氨酸。

6. 粗灰分检验

蛋氨酸是经水解或化学合成制得的一种有机物，其粗灰分含量极微。一般为百分之零点几，如粗灰分大于1%以上，说明是假蛋氨酸。

七、赖氨酸盐酸盐

1. 外观鉴别

赖氨酸为灰白色或淡褐色的小颗粒或粉末，较均匀，无味或稍有特异性酸味，而假冒赖氨酸其色泽异常，气味不正，个别有氨水刺激或芳香气味，手感较粗糙，口味不正，具有异样口感。

2. 溶解度检验

取少量样品加入100 mL水中，搅拌5 min后静置，能完全溶解无沉淀物为真品，若有沉淀或漂浮物为掺假和假冒产品。

3. 掺入植物成分的检验

取样品约5 g，加100 mL蒸馏水溶解。然后滴加1%碘-碘化钾溶液1 mL，边滴边摇动，此时溶液仍为无色，则该样品中没有植物性淀粉存在，即为真赖氨酸，如溶液变蓝色，则说明该样品中含有淀粉，则是假赖氨酸。

4. 掺入碳酸盐的检验

具体检验方法如下：称取约1 g样品置于100 mL烧杯中，加入1∶1盐酸溶液20 mL，如样品有大量气泡冒出，说明其中掺有大量碳酸盐。如无则为真赖氨酸。

5. 粗灰分检验

赖氨酸其粗灰分含量极微，一般为百分之零点几，而假冒赖氨酸粗灰分含量极高。

八、大豆油

1. 浓硫酸反应法

取浓硫酸数滴于白瓷反应板上，加入待检油样2滴，反应后看表面的颜色变化，显棕褐色的为大豆油。

2. 冬季掺米汤的检验

其检查方法如下：将油熔化后，油与米汤自然分层，或用碘-碘化钾试剂检查，如加米汤则呈蓝色。

3. 280℃加热法

大豆油经280℃加热，有机杂质使油色变深，杂质含量多且有酸败发生时则为黑色。

第八节 饲料使用误区

一、蛋白质高、饲料好

首先大家要明白，猪需要的不是蛋白质而是氨基酸。蛋白质经消化道消化后分解成小肽和氨基酸，再经小肠吸收，到体内再根据猪的需要来合成猪体蛋白质。一些厂家宣传高蛋白并以此作为卖点来吸引客户。一方面，过高的蛋白质加大了猪消化系统的负担，不但降低饲料营养的消化率和吸收比率，浪费饲料资源，排放的氮源还污染环境；另一方面，饲料厂跟风做所谓的高蛋白饲料，在市场竞争和成本双重压力下不得不采用劣质蛋白原料，一些不法商人甚至非法添加来达到高蛋白（如添加三聚氰胺就是为了提高粗蛋白质含量）。饲料的蛋白质要易于消化吸收，氨基酸平衡，蛋白与能量的比例匹配，这样的饲料才是合理而有效的。消化吸收率低的蛋白质（如羽毛粉）再高对动物也不会有好的效果，相反可能还会有负面作用。

二、饲料色黄、味香，饲料好

大多数农户对饲料颜色很敏感。为此饲料厂的营养师在做配方的时候把很多性价比很高、但颜色不好的原料给剔除了，如菜籽粕等，还有一些饲料厂甚至添加着色剂来让饲料看起来更漂亮，增加了成本，但没有好的饲养效果。还有一些农户或小规模猪场在选择饲料的时候主要看的是气味和颜色，所以一些饲料厂就会在饲料中添加大量香味剂。我们一直反对给猪料加所谓的香精，主要是饲料的所谓香味其实是不稳定的，香精的一些挥发性香料的混合物，由于其随着时间而挥发的特性导致其香味随时间变化，同时还会产生饲料氧化问题；另外，香精的气味闻起来不舒服（刺鼻），比人嗅觉敏感很多倍的猪，应该更会感觉刺激；一些人说的奶香味，但尝过新鲜猪奶的人都知道，猪奶没有香味，有一点咸味而已。

三、煮熟饲喂，效果好

生饲料喂猪技术早已普及，但不少农村养猪户至今仍采用熟饲料喂猪的饲养模式，他们认为猪吃熟食易长肉，这是非常错误的。其实，饲料经煮熟后，维生素几乎全部被破坏，饲料中的蛋白质变性。据试验，饲料在煮熟的过程中有20%的营养成分损失掉，青绿饲料中的营养成分损失更大。如果在焖煮时久放锅内，饲喂时还会出现亚硝酸盐中毒现象，造成猪只死亡。

四、粪便越黑，饲料越好

很多用户认为，饲料好不好就看粪便黑不黑。这种说法有一定的道理，但不完全对。正确的识别方法是：看一看、闻一闻。不仅要看色泽，还要看滋润度，坚硬或稀水样粪便均为异常。尤要注意其中有无未消化的玉米、饼粕颗粒，再闻一下有无异臭味。粪便若有未消化颗粒，可以肯定饲料消化不完全，可能是饲料配方不合理。如果配方中麸皮、菜粕等多一点，牲畜粪便就黑。另外高铜也可以使粪便发黑，但高铜只有比需要量高出几十倍时才会起粪黑作用（即铜含量125～250 mg/kg），如果铜的含量超过250 mg/kg，就会引起猪中毒。

五、越能睡觉，饲料越好

很多农户认为，猪能吃能睡就是好饲料。于是，不少违法厂家在预混料中添加镇静剂等国家严禁的药物。其实，所谓能吃，即是适口性问题（爱吃甜料是猪的天性），但猪每天能够吸收的营养是一定的，吃得再多不能够吸收，也就不能够转化成能量或脂肪，只能造成资源的浪费，加大成本。所以并不是吃得越多越好，只要猪摄取营养平衡，就会很安静。如果饲养密度过高、预混料配比不科学，或猪营养摄取不当或不平衡，患有皮肤病，均会使猪兴奋、不安。为使猪嗜睡而添加安定、利白平等催眠药物，是不可取的。

六、能见饲料颗粒，饲料好

很多农户认为，预混料中有清晰可见的颗粒才是好产品。实际上，粒粒可见的饲料往往是未做预处理的原料，这些大颗粒原料在胃肠道的溶解性、吸收性都比经过处理粉碎之后的原料差，不容易吸收，过量更易引起猪的不良反应甚至发生中毒。

七、过分依赖饲料药物

饲料的主要功能是提供猪生长所需要的营养素，一些农户或中小猪场不注重疾病的防控，反倒想依赖饲料厂添加高剂量抗生素来帮他们控制猪病（特别是下痢）。猪有病就应该给服特定药物而不是在饲料中漫无目的地添加高剂量抗生素。这样一方面提高了成本，把饲料当成兽药来用；另一方面猪长时间服用高剂量抗生素造成肝肾损伤，影响生长发育。

八、自配饲料更省钱

一些预混料厂家为了突出效果，盲目将饲料档次提高；饲料原料的采购量少，其成本一定会比饲料厂高很多；还有拌料损耗，有时可达1%以上，还有拌料时的劳动力成本等，实际算下来，自配料不但成本较高，而且还有很多问题，比如原材料质量无法控制，仅凭感官判断质量。对于用量不多而保质期又短的原材料（麦麸）无法保证新鲜，买多的话又容易霉变或酸败，最后往往是将就着用，农户很多时候没有意识到霉菌对母猪的危害到底有多大。还有一些农户，资金不足而靠原料经销商赊账，对其质量选择失去了主动权，所买的原料质量也就无法保证。

九、随意改变饲料配比

按照生产厂家建议配方，用预混料按相应比例混合蛋白质饲料，如豆粕等，和能量饲料，如玉米、麸皮等，配比出来的混合饲料就是一种全价料，它富含了动物生长、生产所需的各种营养，养殖户只需按说明的比例调制，不要做大的改动。如果随意加大比例，动物多吃的部分不会被利用，浪费了饲料，相反如果减少比例的话，就会导致动物营养缺乏，出现各种疾病。配方一定要按照生产厂家的建议配方，可以适当地调整，但是幅度不应过大，幅度可以根据品种调整一下。如果一定要调的话，要适当询问厂家的技术人员，或者到其他一些科研单位进行咨询。

十、不分阶段饲喂

有些农户或养猪场用小猪料喂中大猪。懂营养的人都知道，猪的不同阶段的营养需要是不同的，对饲料的消耗也有差别。这就是我们要按日龄或者体重来划分饲养阶段的基础。小猪料养大猪，对于饲料厂来说，可以有更多种药物添加剂的选择，剂量也可以高。这就可以让一些人利用小猪料这个名头来钻空子。对于养殖户，大多数人都会理所当然地认为小猪料要比中大猪料好，觉得用小猪料来饲喂中大猪是自己占了便宜。如果所谓的小猪料加了过量药物，长期饲喂的副作用是很大的。

十一、饲料混合不均

预混料混合不均匀会造成动物吸收利用不均匀，出现过大的个体偏差，这在规模化生产中是非常不利的。采食多的动物浪费了饲料，采食少的动物卖不上价钱。要是饲料中含有药物添加剂的话，还会造成动物中毒，得不偿失。

第四章

饲养管理技术

第一节 常规管理

一、打耳缺（耳标）

为了便于管理，必须对每一头猪实行身份管理，比如打耳缺号（耳标），下面介绍几种常用的身份识别管理方法。

1. 打耳缺法（一般适用于小规模的三级与二级扩繁场）

为了留种选育和健康管理需要，用特制的耳缺钳，在初生仔猪的左、右两耳边缘剪出缺口，每剪一个耳缺代表一个数字，把两个耳朵上所有的数字相加，即为该猪的编号。编号方法比较多，基本每个扩繁场都有自己的编号标准，但大致有两种方法。即大排法（图4-1）和窝排法（图4-2）。

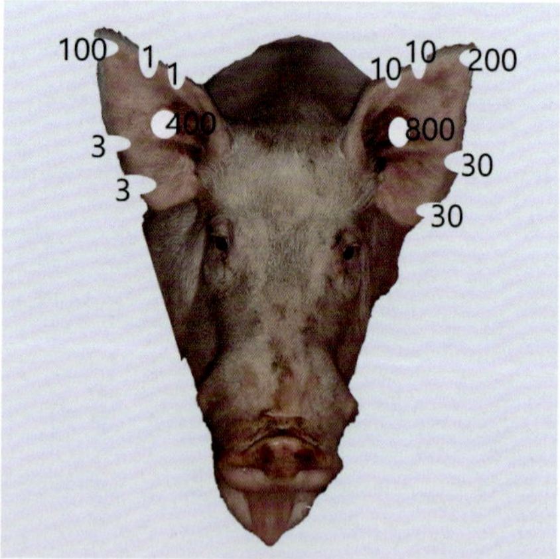

图4-1　大排法编号示意

大排法编号规则：与猪同向，左大右小，上1下3，公单母双。即右耳上部一个

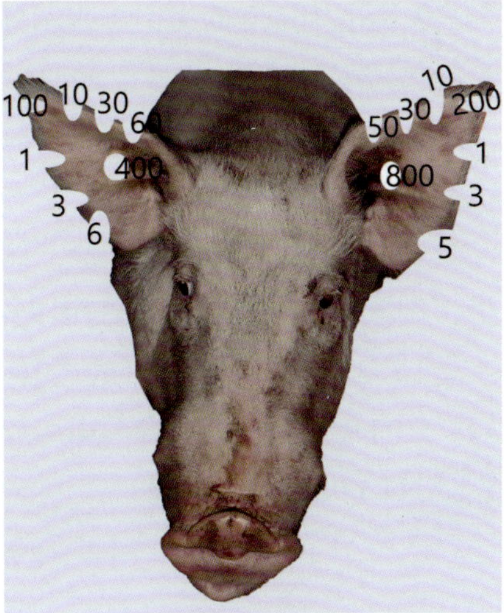

图4-2　窝排法编号示意

缺口代表1，下部一个缺口代表3，耳尖缺口代表100，耳中圆孔代表400。左耳上部一个缺口代表10，下部一个缺口代表30，耳尖缺口代表200，耳中圆孔代表800。此外，也有采取左大右小，上3下1的打法。

窝排法编号规则：与猪同向，左耳窝，右耳号，上大下小，公单母双。

2. 打耳牌

购买一些商品耳牌，常见的有塑料或橡胶材质（图4-3），还有一些是特殊电子感应芯片（图4-4，图4-5），先用不褪色的记号笔将猪号写在耳牌上（或印制数字与二维码等），用专用耳标钳固定在耳朵中央，这种方式比较直观，一般站在2～3 m远处也能看清号码或者读取数字。

图4-3　耳牌

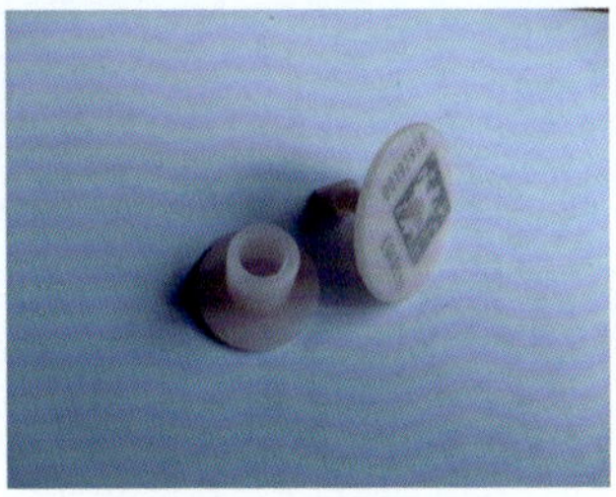
图4-4　免疫耳标

图4-5　电子耳标

3. 标准化耳号编码法

自国家种猪遗传评估工作启动以来，根据国家遗传评估中心要求，农业农村部制定并发布了种猪登记的国家行业标准，以此来规范全国的种猪耳号编码规则，现在国家核心育种场均采用此方法进行编号。该方法所编种猪的号码共由18位字母与数字组成。

1～2位用英文字母表示种猪的品种，如杜洛克为DD，长白为LL，大约克为YY。二元用父母品种的大英文字母表示，且父前母后，如长大二元LY。

3～6位用4个英文字母表示种猪生产的企业名称，如西南天佑表示为XNTY。

7～8位表示分场号，如2号场表示为YYXNTY02。

9～12位表示出生年份，如2019年西南天佑2号场生产的大约克猪，则表示为YYXNTY022019。

13～16位表示场内窝号，如2019年西南天佑2号场生产的3 421窝的大约克猪，则表示为YYXNTY0220193421。

17～18位表示生产的个体号，则原则上公猪为单号，母猪为双号。例如：2019年西南天佑2号场生产的3 421窝的第5个大约克公猪，则表示为YYXNTY022019342109。

二、记录

在猪栏内均有一些方便记录的设施（比如小黑板、悬挂小本等）。记录要尽可能地详细且保存完整。

根据耳标记录猪只的各类生理状态（配种、妊娠、预产期、产仔数、产活仔数、死胎数、日期体重、采食量、饮水量、好斗性等）、异常生理表现（如体温升高、腹痛、蹄残、无法站立、跛行）、治疗处理方法（注射、消毒、加药等）和环境情况（温度、湿度、空气质量）等。同时设定对猪只的干预域值，比如死亡率1%～3%，超过域值的情况下，兽医必须进行干预，并尽可能查找出原因加以改进。对于规模猪场，1个季度、或者半年找专业检测机构对猪场进行抗体水平监测。

这些记录是对猪只进行临床检查的第一手资料，对今后疾病的诊断和治疗至关重要，也是每位饲养人员的责任和义务，是猪场安全的第一道警报器，也是猪场经济效益的基础。

三、健康巡察

每天至少巡察3次，通过人工巡视，可以观察猪只行为表现，以直观判断猪只健康状况。比如食欲情况、饮水、猪只性格、被毛颜色、是否咳嗽、眼睛是否有流泪及发红、眼眶是否洁净、肛门和乳房健康状况，外阴状态（形状、分泌物）、有无争斗、有无外伤、粪便状态。根据平常的经验积累，通过巡察可以初步判断猪群健康情况。尤其对一些以前患过的旧病老病等特殊症状，要特别留心。发现猪群有异常情况出现，及时记录并判断处理。

安静猪只观察：通过视频监控或者从窗户进行察看，在不打扰且不引起猪只警觉情况下，观察猪只睡眠和躺卧的方式，主要有离群站立和躺卧方式（健康猪只一般像散步一样，漫不经心地四处拱舔栏杆或地面，躺卧时采用侧体位，四肢伸直，患病猪只一般为呆立、无精打采的状态，躺卧不安或直立卧位），采食是否正常，呼吸是腹式还是胸式呼吸，有外界惊扰的情况下，会不会马上警觉，反应是否敏捷。

四、打扫消毒

猪只出栏后对猪舍猪栏进行彻底清扫，将所有可移动或可拆卸的设施设备一并搬离拆卸后，同期可进行设备设施的检修维护，包括食槽、猪栏及垃圾等进行无害化处理。并将化粪池、排粪沟等完成清理。对场区的土地、草地等进行硬化、消毒或者铲除，同时进行灭鼠虫鸟蛇等工作。

消毒的本质是消毒剂要和病原微生物充分接触后，并作用一定的时间，杀灭病原微生物的过程。尤其是非洲猪瘟流行期间，有好多猪场工人都会按程序和要求去消毒，但消毒效果并不理想。

根据我们的调查，消毒不彻底主要是由于消毒方法不正确而导致的消毒剂与病原微生物“接触不上”或者“接触时间太短”所致。例如：在饮水系统（管道内，鸭嘴式饮水器内、水箱内表面）、猪舍的缝隙、墙壁、天花板、动物体内、设备的表面等，采用常规消毒方法，消毒剂是无法达到的。所以，针对不同的区域，我们建议采取不同的消毒方式。主要常用的消毒方式有以下几种。

熏蒸消毒：一般使用高锰酸钾和甲醛溶液（福尔马林）。关闭所有门窗及通道，先放入高锰酸钾，后倒入甲醛溶液（福尔马林），之后用电炉加热直到液体蒸发完成，密封12 h后，开窗通风。

火焰消毒：使用可移动的液化气瓶，外接多头喷枪，开气后点燃喷枪，然后将火焰枪在地面、墙面等设施的外表面逐一扫描，不要太快，需要有一定的停留时间（图4-6，图4-7）。

泡沫消毒：通过相关的发泡装置，将液态的消毒剂转化为气泡形式，泡沫与地面、墙面或设备设施表面直接接触后，通过润湿、乳化、渗透、分散及增溶等方式，杀灭表面膜化的微生物。

图4-6 栋舍火焰消毒

图4-7 饲料推车火焰消毒

高压清洗：用高压水枪冲洗地面、墙面或设备设施表面，但要注意尽量避免形成气溶胶。

针对消毒的不同部位，需要选择不同的消毒方法，才能达到良好的消毒的效果。

五、调教

猪有好洁性、贪食性、懒动性，人懒猪更脏，猪具有“吃、拉、住”三点定位的规范行为，饲养员一定要注意调教和利用。

在喂料上做到四定。定时：喂乳仔猪每天喂6餐以上，断奶仔猪4～5餐。哺乳母猪和怀孕后期的母猪可喂4餐，其他猪可喂3餐，夏天最好喂3～4餐。定量：一般按猪的体重的3%～5%喂料，槽干食饱，不能让强者过饱，弱者挨饿；定温：饮水要冬春暖、夏秋凉，一般为18～45℃为宜。定质：饲料质量一定要稳定，保证饲料营养全面，更换饲料时要逐渐过渡。

六、分群转群

按性别、年龄、体重、强弱、采食快慢及生产用途进行“分群管理，分栏饲养”；成年公猪、怀孕后期母猪及哺乳母猪宜单栏饲养，断奶母猪、空怀母猪可小群饲养，怀孕前、中期的母猪宜2～3头一栏，仔猪和肉猪一栏不超过30头为宜，怀孕后期母猪宜在产前7～10天进产房，不宜过早。并群可采取“留弱不留强”“拆多不拆少”“夜并昼不并”的方法，防止欺生互斗。

七、环境检查

主要控制环境的温度、湿度和空气质量。控制温度：冬暖夏凉，一般猪舍适宜的温度为哺乳母猪舍25～30℃，育成猪舍20～30℃，成年猪舍15～18℃，肉猪舍16℃左右。控制湿度：将猪舍相对湿度控制到40%～75%，平均60%。及时排出猪舍内的NH_3、H_2S、CO_2等有害气体。建议在猪舍内离地面约80～100 cm的部位，均匀悬挂干湿温度计，并每天观察记录相应的温湿度，对于一些安装了智能环境控制系统的猪场，建议定期对悬挂的干湿温度计进行校对，以便发现系统故障，更好地调节和设定感应温湿度启动阈值范围。

第二节 后备母猪饲养管理

一、分群饲管

按体重大小分群，每栏3～6头；栏舍设有运动场，让猪见到阳光自由运动；日喂3次，清扫栏舍2次，保证清洁饮水和栏舍干燥清洁卫生，轻声细语调教猪只，做到人猪和睦，严禁打骂猪。

二、膘情管理

4月龄前，促进生长发育，自由采食；4月龄后到配种前15天，控制生长发育，减少配合饲料给量（日均1.5～2.2 kg），增加青粗饲料量；8月龄配种，配种前15天开始催情补饲，加大营养供给，增加饲喂量（日均2.6～3.5 kg），促进发情排卵；配种前5天，逐渐把饲料减至2.0～2.5 kg/天，调整生殖生理，提高卵子的活力和运行质量，确保配种受胎。

建议有条件的扩繁场根据需求购买适宜的活体背膘仪（B超），并安排母猪饲养人员学习掌握活体背膘的测定方法，建立以膘给料的饲养管理体系。长大二元母猪在配种（130～140 kg）前，建议P2点（猪在自然安静站立状态下，避免弓背或塌腰，用便携式活体背膘仪测定猪最后肋骨处与距背中线6.5 cm点左侧背膘的垂直厚度）背膘应控制在16～18 mm，妊娠中后期控制在18～20 mm，以获得最佳的繁殖成绩。

三、刺激发情

采取正确的与公猪接触的措施能够很好诱导后备母猪发情，可以促进后备母猪发情的启动。后备母猪从5.5月龄开始（图4-8），与选择的有活力、性欲强、唾液分泌旺盛的公猪（图4-9），隔栏接触，每周调换一次公猪；也可将未发情的断奶母猪、未怀孕及计划配种的后备母猪放入公猪栏刺激发情。或注射孕马血清或绒毛膜促性激素，促进发情，注射催产素促进排卵。

每天进行发情、复发情检查，应特别注意配种后8～24天与38～44天的母猪，母猪一旦发情应及时配种。

图4-8　发情后备母猪

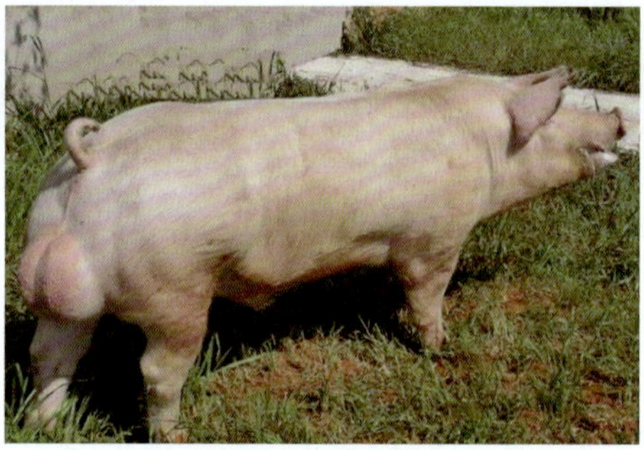

图4-9　发情公猪刺激

四、母猪发情

1. 初情期及性成熟

母猪的初情期是指母猪初次发情排卵的年龄。此时生殖器官及其机能还未发育完全，发情周期不正常，不宜进行配种，否则会影响母猪生殖器官发育和利用年限。母猪的性成熟是指生殖器官及其机能已发育完全，具备正常繁殖能力的年龄。适合配种的年龄称为适配日龄，适配日龄一般要晚于性成熟年龄。各品种猪的初情期、性成熟和适配日龄不同，还与气候、日粮营养等有关，但通常3～8月为初情期、6～10月为适配期。

2. 母猪发情周期

母猪从初情期后，每隔一定时间就会出现一次发情，不受季节限制。发情周期是从上次发情开始到下次发情开始的间隔时间，一般为18～23天，平均为21天。为方便教学及识别，一般人为将发情周期分为发情前期、发情期、发情后期和间情期4个阶段。

（1）发情前期。

上一个发情周期母猪卵巢中所产生的黄体逐渐萎缩，新的卵泡开始生长。生殖道轻微充血肿胀，上皮增生，腺体活动增强，对周围环境开始敏感，表现不安，但尚无性欲表现，不接受公猪爬跨。

（2）发情期（2～4天）。

母猪卵泡迅速发育，并在发情末期排卵。母猪子宫充血，肌层活动加强，腺体分泌活动增加，阴门充血肿胀，并有黏液从阴门流出。母猪兴奋不安，性欲表现充分，寻找公猪，接受公猪爬跨并允许交配，若用手按压腰部，母猪呆立不动。

（3）发情后期。

母猪卵泡破裂排卵后开始形成黄体。子宫颈管道逐渐收缩闭合，腺体分泌活动渐弱，黏液分泌量少而黏稠，子宫内膜增厚，腺体逐渐发育，母猪性欲减退，逐渐转入安静状态，不让公猪接近。

（4）间情期。

母猪卵巢中的黄体已发育完全。子宫内膜逐渐增厚，腺体增长，分泌活动增加。如果受孕，继续发育；如果未受孕，间情后期子宫内膜回缩，腺体变小，分泌活动停止。母猪性欲完全消失，精神状态恢复正常，持续一段时间后，进入下一个情期。

3. 排卵

母猪是多胎动物，故一个情期中会多次排卵，排卵最多是在母猪接受公猪交配后30～36 h或发情后38～40 h后。一般一个发情周期可排16～18个卵，但不同品种、不同年龄会有所差异。

五、选种（6步法）

首选，初生到断奶期间进行选种。根据扩繁场的选育计划，等目标仔猪出生后，称重打耳号，并挑选该窝中所产仔猪初生重较大（一般应在1.5 kg以上），乳头发育正常，排列整齐，数量在7～8对，无明显的表观缺陷者。每窝选2公3母。

二选，保育期间进行。断奶后称量记录断奶日龄及窝重，转入保育舍进行保育，对仔猪的健康状况，乳头畸形排列，外伤，脐疝，生长是否正常等进行观察，然后进行选择。

三选，在体重50 kg左右时进行。主要对母猪的外阴发育、有无脐疝，猪只性情等进行观察选择，对选留的猪只完善相关疫苗注射及疫病检测。

四选，在体重100～120 kg时进行，母猪开始诱情工作，并测定P2点的活体背膘，根据测定结果调整饲喂量，以使猪只达到最佳体况。同时对所有后备猪的体型外貌进行评定，特别关注其肢蹄，同时对发情、性欲、性情等进行观察，公猪开始采精调教，并对采出的精液进行质量检测。

五选，在体重130～140 kg时进行。综合体型外貌，健康，抗体水平，膘情，发情表现等情况，进行终选和配种工作。

六选，根据1～2胎的产仔情况，考察母猪的产仔能力、哺育率、母性等方面进行后裔测定，以校正选留准确性。

六、淘汰

配种或选留时，有以下情况需要淘汰：发现有乳头内翻、凹陷、小乳头的母猪；九产以上的老龄母猪；从第2胎开始，连续2胎产仔7头以下，育成小猪连续2胎6头以下，或哺乳性能差的母猪；连续3个情期配不上种，经催情后超过一个发情期仍未发情的母猪；引进的后备母猪90天未配上种的；新引进的后备母猪阴户发育不良、体型和生产较差的母猪；连续流产2胎以上，患产科疾病或其他疾病两个疗程以上，仍未痊愈，影响带仔的哺乳母猪。

第三节 种公猪饲养管理

种公猪的好坏对整个猪群影响很大，俗话讲“母猪好，好一窝；公猪好，好一坡”。因此公猪的饲养对猪场至关重要。一般情况下，采用本交，每头公猪可负担20～30头母猪配种任务，一年可繁殖仔猪400～600头；采用人工授精，每头公猪一年可繁殖仔猪万头以上。

公猪体重40 kg以上时需单栏饲养，防止相互斗咬，定时定量饲喂，保证充足的清洁饮水，调教公猪定点排便，做好冬季防寒保暖和夏季防暑，饲养管理一般与后备母猪相似。

一、性成熟

公猪的初情期是指公猪第一次射出成熟精子的年龄（精子活率大于10%，有效精子数5 000万个/mL）。公猪在初情期时，在神经和激素的双重作用下，表现出性欲冲动、求偶和交配的反射行为，统称为性行为。但其生殖器及其机能还未发育完全，不宜配种，否则会影响公猪生殖器官的正常生长发育和利用年限。公猪的性成熟日龄是指生殖器官及其机能已发育完全，具备正常繁殖能力的年龄。适合配种的年龄称为适配日龄，适配日龄一般要晚于性成熟年龄。各品种猪的初情期、性成熟和适配日龄不同，还与气候、日粮营养等有关，但通常3～6个月初情期、5～8个月性成熟、8～12个月适配。

二、以膘给料

避免肥胖，未配种公猪日喂2.5 kg，配种公猪日饲喂3 kg。

三、运动

加强公猪运动，每天定时驱赶和逍遥运动1～2 h，并保证肢蹄健康（图4-10）。

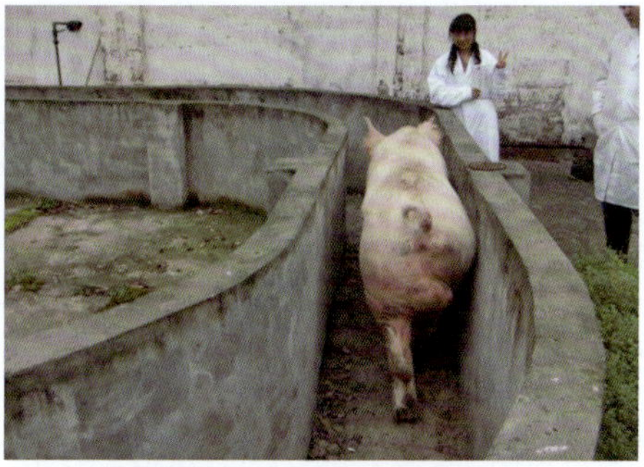

图4-10　加强公猪运动

四、训练

后备公猪要进行配种训练，初配时要进行人工辅助，防止猪跌倒或者体况差、体重小的母猪被公猪压伤。

每天擦拭一次，有利于促进血液循环，减少皮肤病，促进人猪亲和，切勿粗暴轰打，以免造成公猪反咬等抗性恶癖；利用公猪躺卧休息机会，从抚摸擦拭着手，利用刀具修整其各种不正蹄壳，减少蹄病发生。

五、种公猪调教

对种公猪进行调教时应做到胆大心细、动作轻柔、环境安静，禁止粗暴对待种公猪，避免形成不良的条件反射。后备公猪7月龄开始调教，每天一次，每次15～20 min。调教成功后应连续采精2～3次，隔天采精，以形成条件反射。在假台畜背部洒上发情母猪的尿液，能有效刺激新公猪的性欲，促使其爬跨。让年轻公猪经历几次自然交配或观察其他公猪的爬跨动作，有利于调教。让未调教公猪爬跨发情母猪，以刺激公猪的性欲，待公猪阴茎充分勃起，性欲十分旺盛时将母猪赶走，引导公猪爬跨假台畜。经过上述方法训练调教仍不能爬跨的，则放弃对该公猪的调教。达到调教日龄的公猪如遇长距离运输、生病则不能调教，待身体恢复后才可以调教。

六、采精

采精员一手戴双层手套，另一手持37℃保温杯（或者保温杯内装一次性自封袋）用于收集精液。饲养员将待采精的公猪赶至采精栏，用0.1%高锰酸钾温水（夏天用自来水）溶液清洗其腹部和包皮（如包皮内有积尿，则应先挤排完积尿），然后再用水清洗干净，避免积尿、药物残留对精子的伤害。采精员挤出公猪包皮积液，按摩公猪包皮部，刺激其爬跨假台畜，待公猪逐步伸出阴茎，脱去外层手套，将公猪阴茎龟头导入空拳，轻握龟头，让其抽动片刻，然后紧握公猪阴茎螺旋状龟头，不让其转动并顺其向前冲力将阴茎顺势拉出。在射精前，有节奏地按压、抚摸龟头能促进射精，弃去最初射出的清亮液体部分，用覆盖四层纱布（或精液专用过滤纸）的保温杯收集浓稠精液。当公猪停止射精时可再次有节奏按压龟头，促使公猪第2、第3次射精。射精过程历时5～7 min，禁止中途终止采精。采精过程中出现排尿时，应弃去清亮液体部分，避免精液被污染。采精时一方面应集中精力采精，另一方面应注意安全，一旦公猪出现攻击行为，采精员应立刻避至安全角。采精频率：成年公猪每周1～2次，青年公猪每周1次。

七、公猪射精量及精液组成

公猪射精持续时间一般为5～10 min，平均8 min，射精量一般为

150～500 mL，平均为250 mL。其精液主要由精子和精清两部分组成，在不同的射精阶段，比例不同。第一阶段射出的精子前液，主要由精清（凝胶和液体）组成，只有极少不会活动的精子，占射精总量的10%～20%；第二阶段射出的精液，主要是精子，颜色从乳白色到奶油色，占射精总量的30%～40%；第三阶段射出的是精子后液，由凝胶和水样液构成，几乎不含精子，占射精总量的40%～70%。

射精过程除了第一和第二阶段之间有很短的间歇外，一般是连续进行的。

八、精液品质检查

1. 精液量

用电子天平称量精液，按每克1 mL计，避免以量筒等转移精液盛放容器的方法而造成精液的污染。体积一般为250 mL（胶性物占20%），波动范围在50～600 mL。

2. 颜色

正常的精液是乳白或浅灰白色，精子密度越高，色泽越浓，其透明度越低。如带有绿色或黄色是混有脓液或尿液，若带有淡红色或红褐色是含有血液。这样的精液应舍弃不用，并会同兽医查找原因。

3. 气味

正常精液有特殊腥味，无恶臭。如有异常气味，则废弃不用。

4. pH值

用pH试纸测定pH值，用滴管吸取一滴精液滴在试纸上，1 min后与标准比色卡对比，确定pH值。也可用pH计测量（pH计使用方法见说明书）。正常精液pH值为7～7.8。

5. 精子活率

在37℃环境温度、400倍显微镜下对精子活率进行检查，活率是指呈直线运动的精子百分率，在显微镜下观察精子活率，按0.1～1.0的十级评分法进行，鲜精活率要求不低于0.7（图4-11）。

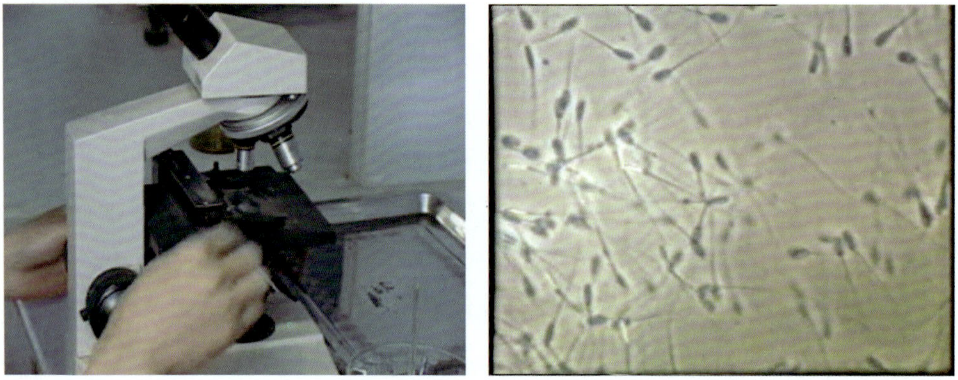

图4-11　精子活率检查

6. 精子密度

指每毫升精液中所含的精子数，是确定稀释倍数的重要指标。要求用血细胞计数板进行计数或精液密度仪测定。有经验的技术人员可以应用目测法，但每一个月必须对精子进行一次密度测定。一般要作成悬滴标本，在35～37℃温度下进行，每毫升精液3亿～5亿为密级，2亿左右为中级，1亿以下为稀级。

7. 畸形率

必须对新公猪的最初几次射精的精子进行形态检查，以后每个月检查一次。畸形率是指异常精子的百分率，一般要求畸形率不超过18%，先对精液进行伊红或姬姆萨氏染色，相差显微镜下可直接观察活精子的畸形率，畸形精子种类有：巨型精子、短小精子、双头或双尾精子，顶体膨胀或脱落、精子头部残缺或与尾部分离、尾部变曲（图4-12至图4-15）。

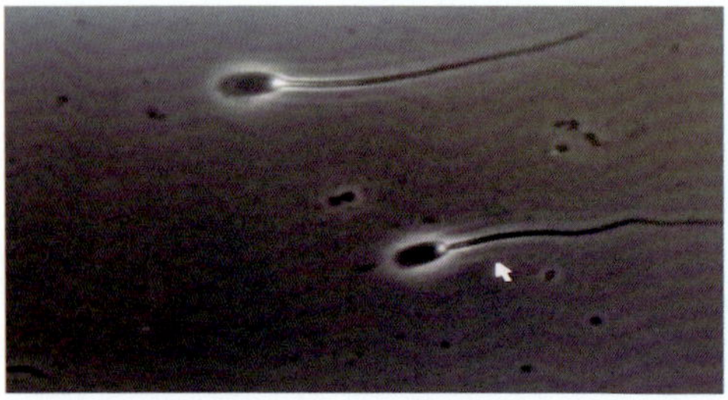

图4-12　正常精子

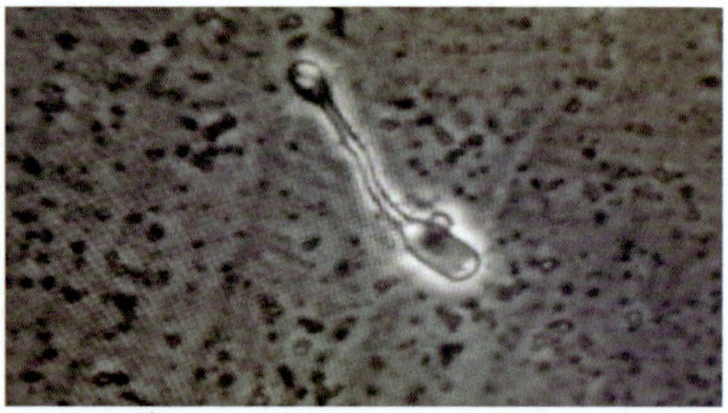

图4-13　断尾、大头精子

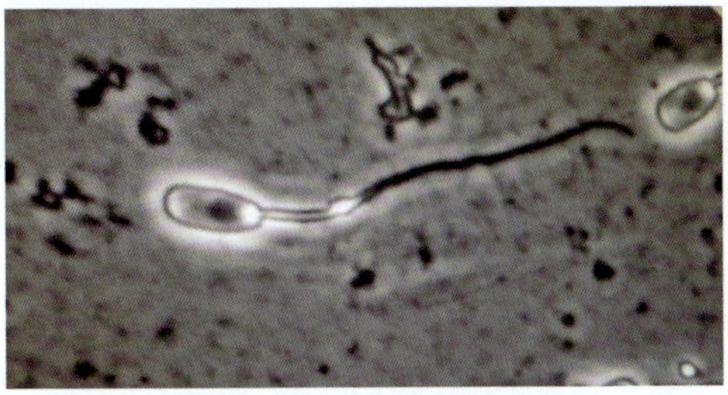

图4-14　原生质滴精子

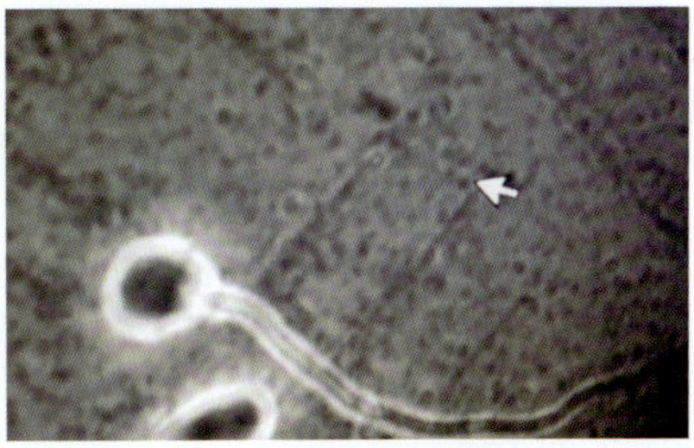

图4-15　大头精子

九、精液的稀液

1. 稀释液的配制

配制稀释液的药品选用分析纯试剂，对含有结晶水的试剂要按摩尔浓度进行换算（如含水葡萄糖和无水葡萄糖）。按稀释液配方，准确称量药品，将称量好的稀释粉溶于定量的双蒸水中，用磁力搅拌器助其溶解。用滤纸过滤，以尽可能除去杂质；液态状稀释液冰箱4℃保存，不得超过24 h，超过有效贮存期的变质稀释液应废弃。

2. 精液的稀释

精液采集后应尽快稀释，原精液贮存不超过30 min。稀释液与精液要求等温，两者温差不超过1℃，以精液温度为标准来调节稀释液的温度，绝不能反过来操作。稀释时，尽量减少精液的转移，将稀释液沿杯（瓶）壁缓慢加入精液中，然后轻轻摇动或用消毒玻璃棒搅拌，使之混合均匀。如作高倍稀释时，应先进行低倍稀释［1：（1～2）］，稍待片刻后再将余下的稀释液沿壁缓慢加入，以防造成“稀释打击”。稀释倍数的确定：活率≥0.7的精液，按每个输精剂量含40亿个总精子，输精量为80～90 mL确定稀释倍数。例如：某头公猪一次采精量是200 mL，活力为0.8，密度为2亿/mL，要求每个输精剂量是含40亿精子，输精量为80 mL，则总精子数为200 mL×2亿/mL=400亿，输精头份为400亿÷40亿=10份，加入稀释液的量为10×80 mL−200 mL=600 mL；稀释后要求静置片刻再做一次精子活力检查，如果稀释前后活力一样，即可进行分装与保存，如果活力下降，说明稀释液的配制或稀释操作有问题，不宜使用，应查明原因加以改进。

十、精液的保存、运输

1. 精液订购

在经产母猪断奶时，提前做好精液订购计划，比如需要时间、品种、数量等，并与种公猪站及精液销售机构联系订购，我们推荐订购的精液在配种高峰期送达，且仅订购从精液采集日期起3天内能够用完的剂量。在使用1头公猪交配的猪场或需要进行特定交配时，请为第二次配种保留足够剂量的采自同一公猪的精液（图4-16）。猪场因采集天数大于3天而造成的精子废弃率必须低于3%。换言之，在存栏2 500头母猪的猪场，每周废弃的精子剂量在7～8剂。

2. 精液运输

长距离运输时，需要考虑有一个确定的运送地点（猪场办公室或猪场外的冷却箱）。精液在运输过程中，要保证温度的恒定，避免精液的震荡。并通知猪场内的工作人员精液预计到达时间，以便其做好恒温冰箱的清理消毒、预热工作（图4-17），还要制作一个表格，记录精液接收时间和温度。

图4-16　精液瓶

图4-17　恒温精液冰箱

3. 精液保存

推荐购买精液专用恒温冰箱，以保证精液储存在16～18℃。根据场内母猪数量及储存量来确定恒温冰箱的容量，一般按每80 mL精液瓶的体积来推算，且购买两个小的恒温冰箱优于购买一个大的恒温冰箱，恒温冰箱最好带有一个温度显示器，精确度为17℃±1℃。

恒温冰箱放置在常温、干净的环境内，并与墙间隔2.5 cm左右。为了提高安全性，恒温冰箱应该配有电压保护器和备用电池。存储器的尺寸应按每周预定的送货量来定。

接收到运来的精液，不要直接放置17℃冰箱中，需要用几层与精液同温的毛巾包被好，然后放入，以避免精液温度的突然变化。使用时应尽量减少精液保存箱的开关次数，以免造成温度变化对精子的打击。保存过程中每12 h将贮精瓶反转一次，防止精子沉淀而引起死亡。

恒温冰箱功能故障是很多猪场经常出现的问题。使用时必须注意，为了记录精液的“真实温度”，在一个装满水的精液瓶内放置一个温度计，必须要每天检查温度计温度与冰箱显示湿度，而且每 ± 2℃的波动可能会缩短一天的保质期，因此需要最小化地实现开门次数，每月用消毒剂清理冰箱内部及其散热片/风扇。建议在每年夏天来临之前让技术人员对恒温冰箱进行检查。

4. 输精时的取用

每次输精前，应先确定需要多少剂量，每次仅携带在育种舍1 h内的精液使用量。建议购买一个可容纳6个或12个精液瓶的小型恒温箱来运输精液，按照需求，从恒温冰箱中取出所需剂量，取出精液后立即关闭冰箱门。如果没有专用小型恒温箱，也可寻找一个小型泡沫箱，在里面放置冰袋保温。切记必须将超过保质期的精液丢掉，不要将已升温的精液重新放回存储器。

十一、配种频率

初配青年公猪第一个月每周可配种2～3次，青年公猪配种应每2～3天配一次，成年公猪每天宜配种1次，偶尔可以配种2次，5～7天休息一天；配种时间，夏季在一早一晚，冬季在温暖的时候，配种前后1 h不能喂饮，严禁配种后用凉水冲洗躯体；公猪发烧后，一个月内禁止使用；对于性欲较差的公猪，可肌内注射175 μg氯前列烯醇，但在夏季不能使用。

十二、公猪淘汰

1. 性欲差

性欲表现差，经调教与营养补给，仍不能交配或爬跨动作差。

2. 精液质量差

精液检查连续4次品质差，精子活力低，密度差，又经加强营养与管理仍达不到要求。

3. 后代不一致

生产的后代在体型外貌方面有分离现象，比如一窝仔猪中既有黑色的，又有黑白色或花色的，以及体型不符合种用要求的。

4. 使用期限长或患病

使用4年以上或患有疾病，经医治无效。

第四节 妊娠母猪管理

一、母猪的发情鉴定

1. 初产母猪

初情时排卵数目少，身体其他器官和组织的发育也未完全成熟，故一般应在第二或第三次发情时配种，发情鉴定参考经产母猪。

2. 经产母猪

断奶后3～5天母猪开始发情。在断奶后第三天起必须注意观察母猪的行为。每日早、晚两次对母猪进行试情（上午6:30～8:30和下午16:00～17:30），试情选用善于交流、唾液分泌旺盛、行动缓慢的老公猪，在安静的环境下，当母猪出现站立不动并接受公猪的爬跨（静立反射）时，即可判断母猪发情成熟。此时即把母猪赶开，以便让公猪集中精力来检查和刺激其他母猪的发情。

二、适时配种

1. 母猪表现

行为上由鸣叫不安、爬跨其他母猪，变得相对安静，由不愿意接受压背试验变成愿意接受压背试验，出现静立反应及表现（图4-18，图4-19）。

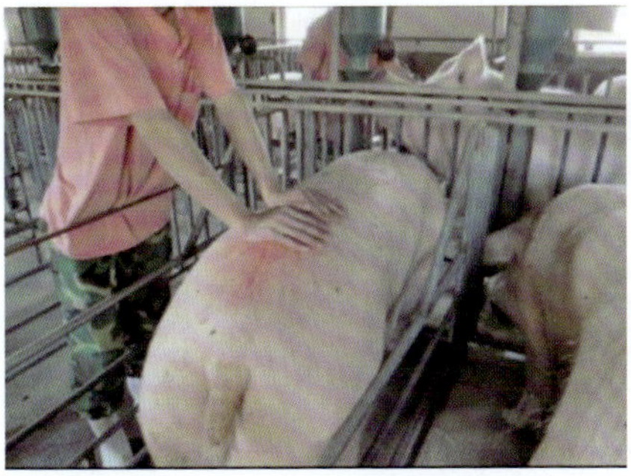

图4-18　压背时静立试验

图4-19　求偶表现

2. 阴户颜色

阴户肿胀消退并出现皱褶，黏膜颜色由鲜红色变成暗红色（潮红色），阴户尖有白黏液流出，用手扒开阴户可见阴蒂、阴户内四周变成暗红色（潮红色），内黏膜有反光黏液溢出。内黏液用手指沾后，拉开手指黏液呈现“线型”（图4-20）。

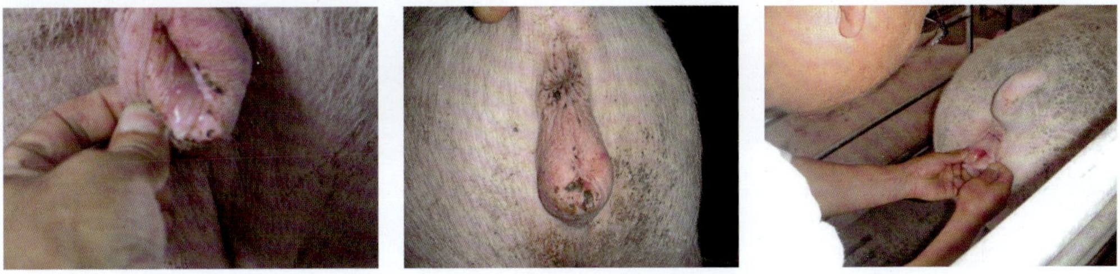

图4-20　母猪发情阴户内有反光黏液

3. 按穴表现

用手指按母猪压巢穴、尾本穴，母猪不动，做出接受交配的姿势。

三、配种

受胎是精子和卵子在输卵管内结合成受精卵以后受精卵在子宫内着床发育的过程。所以掌握最佳的配种时间，使精子刚达到输卵管时排卵，这对于提高猪的受胎率非常重要。但生产中一般难以掌握，但饲养员可通过按压母猪背部开始静立反射后12 h进行配种，或在有静立反射且母猪发情征兆明显时，则立即配种。

如果在上午出现“静立表现”，则当天下午输精一次，第二天上午再输精一次。如果在下午出现“静立表现”，则第二天上午第一次输精，第二天下午第二次输精，二次输精间隔时间必须在8～18 h。对于个别发情异常的母猪应根据个体不同情况决定配种时间。

配种方法主要有自然交配（本交）和人工授精两种。本交又分为自由交配和人工辅助配种两种，目前农户在生产中多采用本交中的人工辅助配种方式，而专业户和规模场在生产中多采用人工授精。

1. 人工辅助配种

人工辅助配种交配场所应选择离公母猪圈较远，平坦安静的地方，且应在公母猪饲喂前后2 h进行。配种时先把母猪赶入交配地点，用毛巾蘸0.1%的高锰酸钾溶液，擦拭母猪臀部、肛门和阴户，然后赶入公猪，当公猪爬上母猪背部后，用蘸0.1%高锰酸钾溶液的毛巾擦拭公猪的包皮周围和阴茎，然后把母猪的尾巴拉向一侧，使阴茎顺利插入母猪阴道，必要时可用手引导阴茎。公母猪交配后赶回圈内休息（图4-21）。

图4-21 自然交配

2. 人工授精

人工授精有利于预防传染病，减少外来养畜人员进猪场以及公猪接触母猪的机会，防止带菌、带毒，提高公猪利用率。一头良种公猪一年可以承担500头母猪的配种任务，每年提供商品猪近万头，一次采精量可以配母猪10～20头。而本交，一头公猪只能承担30～50多头母猪的配种任务。人工授精有利于优良品种的推广，充分发挥良种公猪的优势作用。可以适时给发情母猪输精配种，由输精技术员携精上户，十分方便。可以克服因公、母猪体型悬殊过大，不易本交的困难。通过精液质量，可以快速鉴别不育或者有生殖缺陷的公猪。

（1）用具。

目前多用一次性输精管，有螺旋头型和海绵头型，长度约为50 cm，螺旋头适合于后备母猪，海绵头适合于经产母猪。

（2）清洁。

输精前准备工作：输精前先用0.1%高锰酸钾水溶液清洁母猪外阴、尾根及臀部周围；再用温水将母猪外阴部用清水冲洗干净；最后用洁净的一次性纸巾擦干，防止将细菌带入阴道。

（3）精液准备。

从保存箱取出精液，轻轻摇匀，用已灭菌的滴管取1滴放于预热的载玻片，在37℃环境下检查活力，精液活力≥0.7才可进行输精。确认公猪品种、耳号，让精液缓缓升温至35℃左右。

（4）输精方法。

从密封袋中取出一次性输精管（手不应接触输精管前2/3部分），在其前端涂上专用润滑油或精液，润滑输精管的龟头。用手将母猪阴唇分开，将输精管沿着稍斜上方呈45° 角慢慢插入阴道内，当插入4 ~ 5 cm时再平行插入，当插入25 ~ 30 cm时会感到有阻力，此时输精管顶端已到子宫颈口，用手再将输精管左右旋转，稍用力，此时输精管顶部已进入子宫壁，可进行输精。用输精瓶输精时，当插入输精管后，打开输精瓶顶端盖子，插到输精管尾部即可输精（图4-22）。

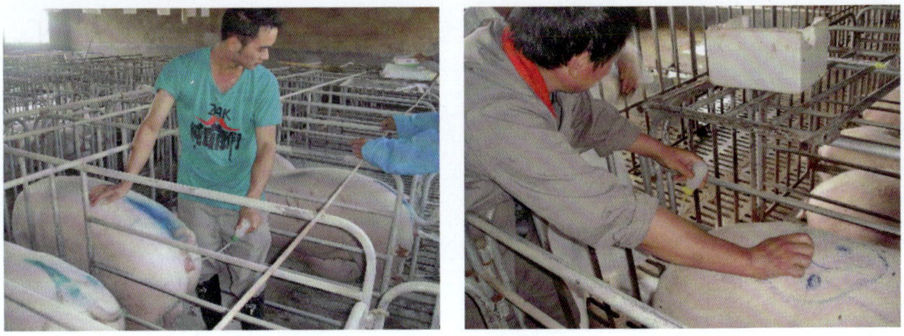

图4-22　输精管输精

（5）输精控制。

正常的输精时间应与自然交配所用时间一样，精液流出的速度不能太快，输精时间要求3 ~ 5 min，最好是在人为刺激条件下让子宫自然收缩而产生负压进行自然吸收。为了防止精液倒流，输完精后，不要急于拔出输精管，可将输精瓶取下，把输精管后端一小段打折，使其滞留在生殖道内3 ~ 5 min，再把输精管慢慢拉出，防止精液的倒流（图4-23至图4-30）。

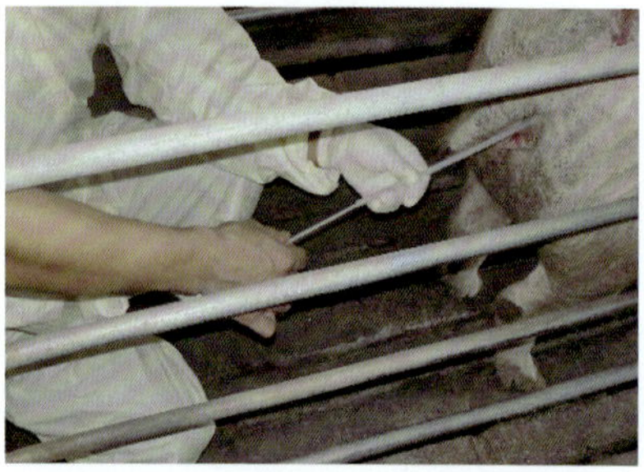

图4-23　现代人工授精技术

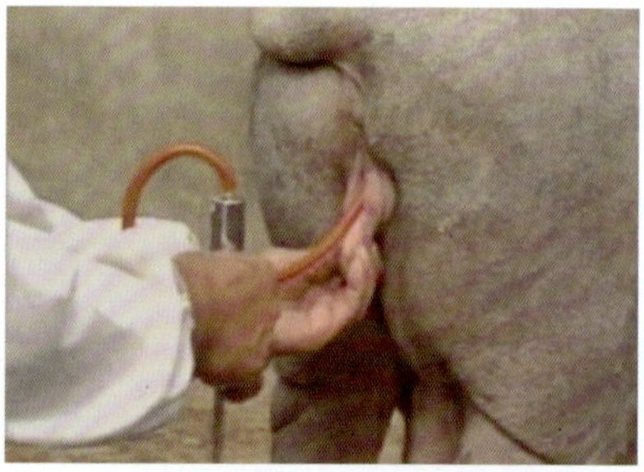

图4-24　老式人工授精技术

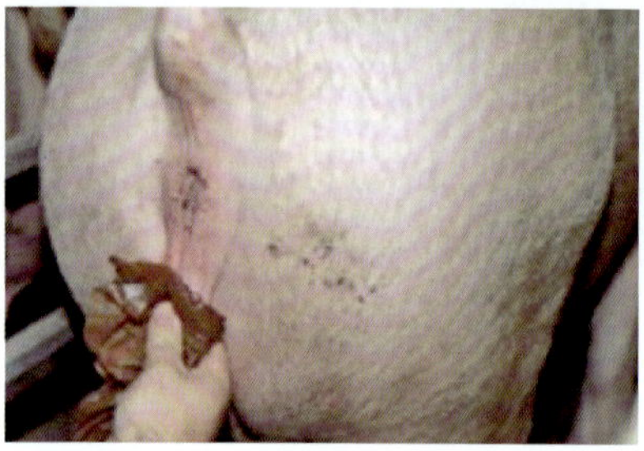

图4-25　用拧干消毒水的湿布擦拭外阴部

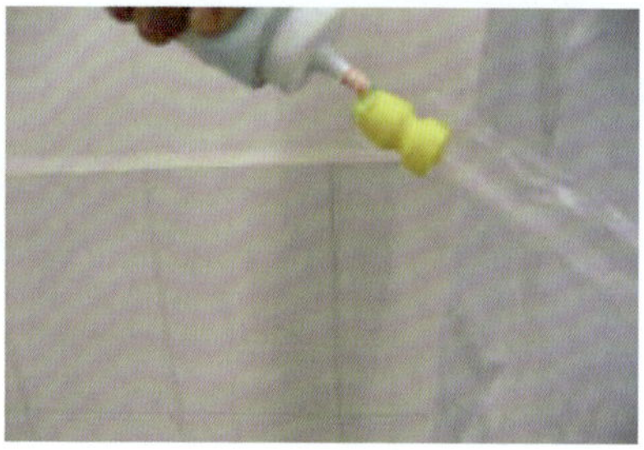

图4-26　在输精管的泡沫头上涂上少量润滑剂

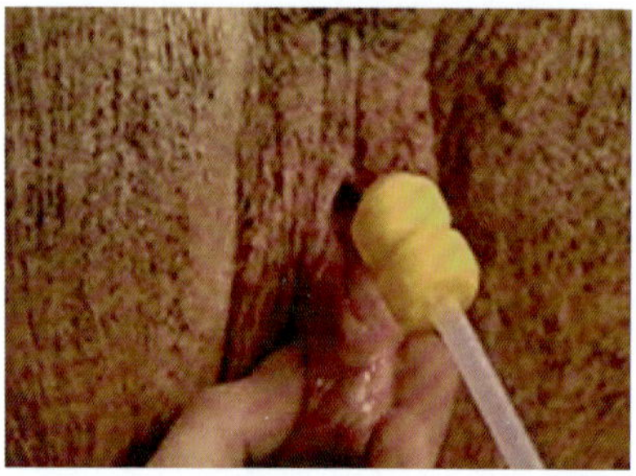

图4-27　输精管稍斜上方呈45°角插入阴道

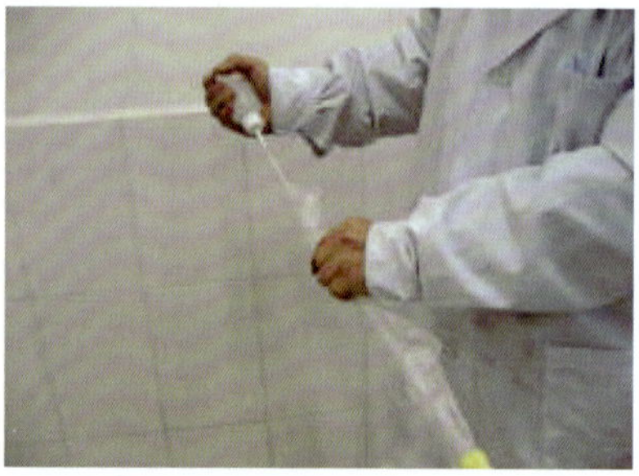

图4-28　将开口后的精液瓶尖嘴与输精导管连接

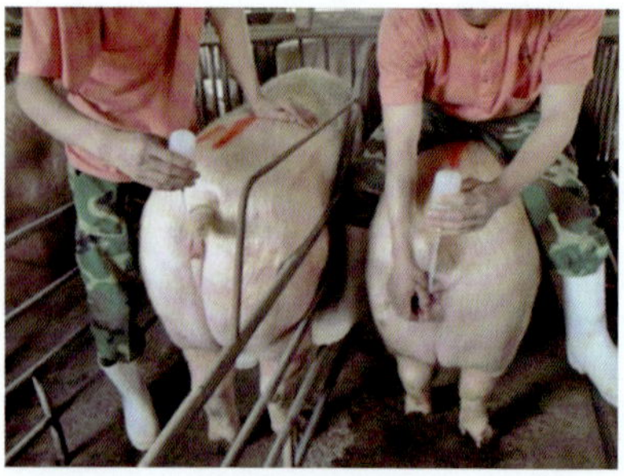

图4-29　骑在母猪背部，并按摩侧腹和乳房部

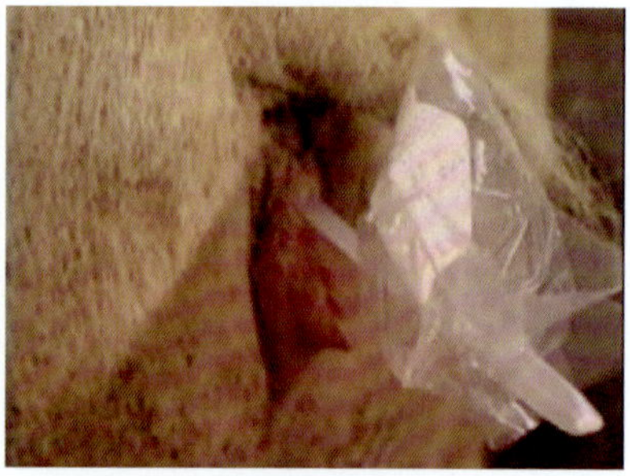

图4-30　将输精管尾部打折防止精液倒流

四、妊娠诊断

1. 观察法

配种后根据母猪外阴部及母猪行为变化判断母猪是否妊娠，主要做好“一看、二查、三验尿”。“一看”即配种后20～23天，察看是否出现发情表现。“二察”即配种后是否表现肯睡、安静、贪吃且食量渐增，逐渐上膘，性情温驯，行步稳重，腹部膨大等特点。“三验尿”即取母猪尿液10 mL，比重1.01～1.025，尿液中加少量醋酸（使呈弱酸性），滴入碘酒，移到酒精灯上煮沸，孕尿呈现红色（杨梅红），冷却后尿液颜色消失，而未怀孕母猪尿为黄色或褐绿色。

2. 超声波测定法

在配种后28天，采用超声波妊娠诊断仪对母猪腹部进行扫描，观察胚泡液或胎儿心跳的变化，此种方法操作简单，检出率高，但设备昂贵，故在专业户与规模养殖场中使用较多。

以上方法诊断准确率一般为80%～95%。

五、母猪饲养管理

母猪怀孕期为114天，按胎仔在子宫内发育情况可分为：配种受胎期、妊娠前期、妊娠后期。受胎期与妊娠后期的饲养管理最为关键。

1. 妊娠前期

配种后3～21天，是胚胎附着子宫角，内分泌处于调整的关键时期。此期主要是保胎，防止胚胎死亡，防止流产。研究表明，配种后28天，不要轻易惊吓母猪，这对胚胎着床十分重要。

配种后尽快将群饲改为个体饲养，妊娠前期可采用3～5头的小群饲养；调教定点排便，保持圈舍干燥卫生；做好夏防暑冬保暖工作，使温度保持在20℃左右，严禁舍内高温、潮湿、结冰、打滑，防止流产；在适温的情况下保持安静，使子宫能有效地附植更多的受精卵。配种后18～24天以及39～45天认真做好妊娠诊断，及时检测出复发情或未受孕的母猪；此时期的母猪应尽量少受应激刺激，特别是要避免热应激，不得鞭打、追赶及粗暴对待母猪，不得大声吆喝，不得饲喂霉变、冰冻的饲料，以防止死胎和流产。

要让母猪吃好，日喂配合饲料、青绿饲料各两次，休息好，不能驱赶，少运动，保证清洁饮水和厩舍干燥清洁卫生，防滑倒、防惊吓、防越沟跳墙。严禁鞭打拥挤的母猪，以防流产。挂牌标明母猪预产期，并于临产前半月清扫消毒（三轮大消毒）产仔舍，临产前一周进入产仔舍饲养管理。

2. 妊娠后期

妊娠后期单栏饲养，并减少运动量，临产前停止运动，防止便秘，有利于产仔。母猪在产前7～10天转入产房适应环境，同时注意乳房、腿、阴户部分的刷洗，保持圈舍及猪体的清洁卫生。

第五节 哺乳母猪管理

一、推算预产日期

母猪妊娠期平均为114天，根据配种记录推测预产期。推算：3个月3个星期零3天，简记：333。

二、防止便秘

给产前1周的母猪或其他便秘母猪投服轻泻剂，每头15～20 g硫酸镁（$MgSO_4$）或硫酸钠（Na_2SO_4）。

三、消毒驱虫

产前1周，对母猪进行清洁、消毒，重点是尾部、腹部、四肢。同时驱除体内外寄生虫，每头肌内注射2～5 mL维生素A、维生素D、维生素E，为临产母猪转入产房做准备。

四、清洗准备

产前1～2天，用0.1%卫康将乳房清洁干净，检查产房温度使其保持在32℃，预备保温箱供乳猪保温，规模化猪场要将产房冲洗干净。

五、临产前征

产前1天，前部奶头可挤出奶汁，若奶头可挤出乳汁，约6 h后可分娩，产前6～12 h，母猪出现扒地和擦栏现象，食欲下降，甚至不起身吃料，产前3～5 h母猪兴奋不安，呼吸加快，发生连续的喘气声，粪尿频繁，母猪下卧，四肢伸直，这是临产前征兆。

六、接生准备

出生环境越冷，仔猪体温降低越多，过低体温所形成的风险就越大。要满足新生仔猪对较高环境温度的要求，即最低临界温度为34℃，同时也应考虑产仔母猪的临界温度，即15～20℃。接产前，要求饲养员必须在场，对母猪与仔猪做好护理与紧急救护工作。并准备好保温设施，接产巾，消毒药（来苏儿、消毒灵、碘酒、高锰酸钾溶液、百毒杀），冬季要特别注意仔猪保温箱的保温效果。并用消毒毛巾擦干净母猪乳房、阴部，并垫上消毒后的清洁麻袋。

七、接生操作

（1）用已消毒的毛巾擦干小猪口、鼻、身上黏液。

（2）剪牙。

（3）剪尾（剪至留4～5 cm以上用缝线结扎或烧烙止血）。

（4）剪脐带（在距腹部4～5 cm处夹断，涂上碘酒）。

（5）称窝重，留种猪打耳标，记录好档案卡。

（6）产后12 h内注射补铁剂血康1 mL。

（7）让仔猪吃上初乳，并固定乳头，即使寄养仔猪，也要吃上初乳。

（8）实行猪瘟超前免疫：即吃初乳2 h前皮下注射猪瘟弱毒苗1个头份。

八、异常状况处理

（1）仔猪假死。

产仔时，发现假死现象，及时处理。先将口腔、鼻腔中的黏液擦掉，抓住仔猪后肢，让其倒吊，用手拍打背部或使仔猪腹部朝上，左右手持其前后肢，进行屈伸运动以促进呼吸，如呼吸困难，轻轻按压仔猪胸肺以帮助呼吸，切忌向仔猪的嘴中吹气。

（2）助产。

对产期时间长的母猪，周期性宫缩超过6 h，羊水破后1 h以上要及时处理，注射催产素，每次用量为10～20单位，必要时间隔30 min再注射一次，再经半小时仍未生产，需要及时助产。助产前必须用肥皂和消毒水擦干净母猪的阴户和后臀，消毒双手，戴上消过毒的乳胶手套或双手涂上润滑剂，五指捏成锥形，缓慢伸入阴道，用力时不是抵消母猪排仔力量，手深入不必超过骨盆，抓住小猪，随母猪的努责，慢拉出以便不伤害母猪与仔猪，产后用高锰酸钾冲洗子宫，通过阴道灌注生理盐水和抗生素药。

九、产后处理

产后母猪要用0.1%卫康或0.1%高锰酸钾溶液冲洗阴道消毒、有流产、死胎、木乃伊、黑胎或难产要加注青霉素等抗生素，预防产科疾病，产后一周检查母猪的胎衣不下、产后恶露、流血、厌食等情况，并及时采取治疗措施（图4-31至图4-38）。

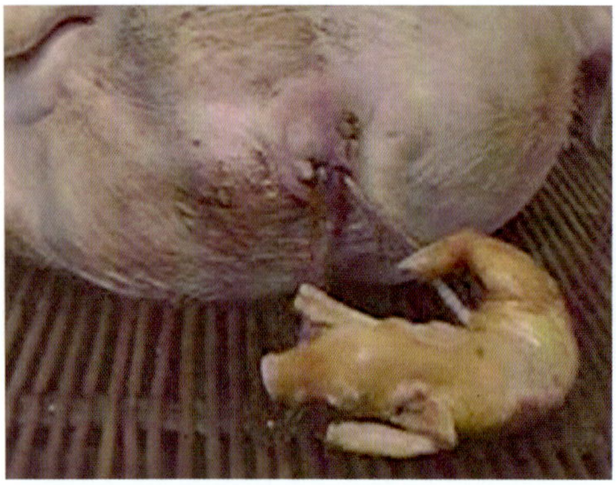

图4-31　仔猪产出（距腹部4～5 cm）

图4-32　超前免疫注射

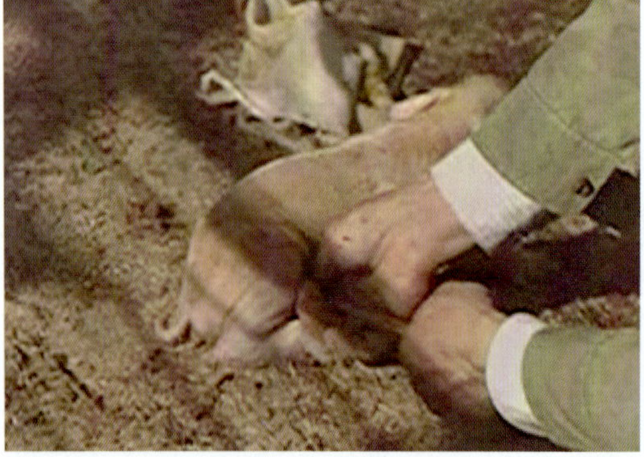

图4-33　掐断脐带

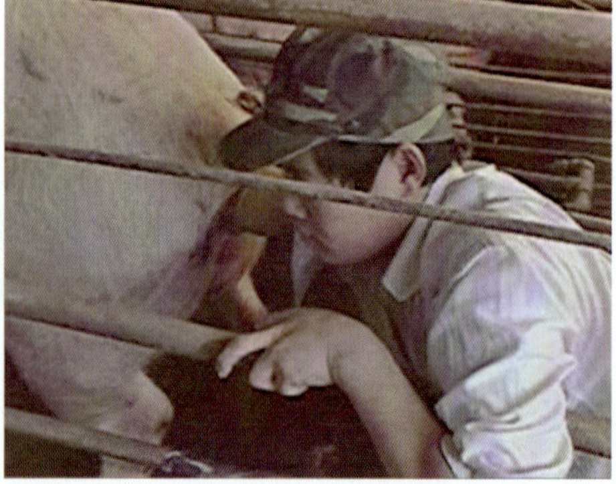

图4-34　人工助产

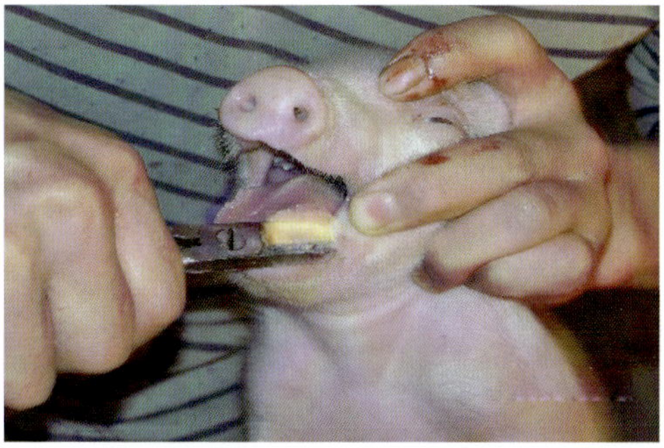
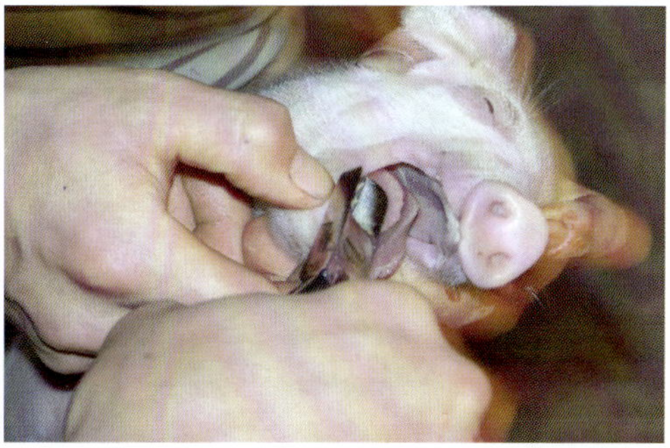

图4-35 剪去口腔中上下犬齿

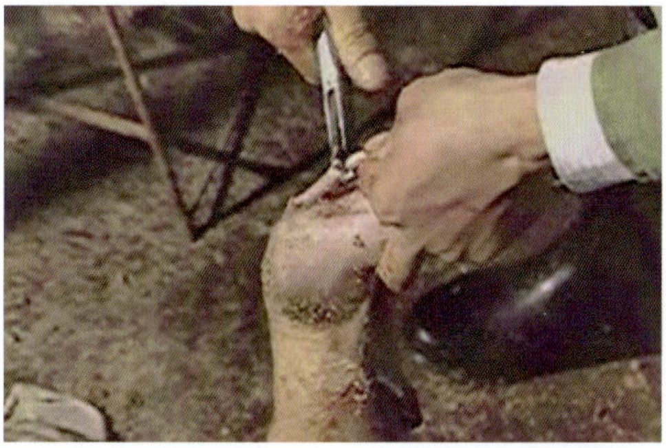
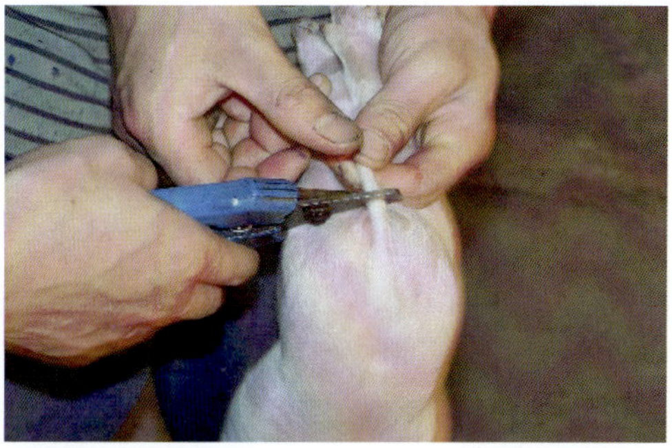

图4-36 断尾（距尾根4～5 cm）

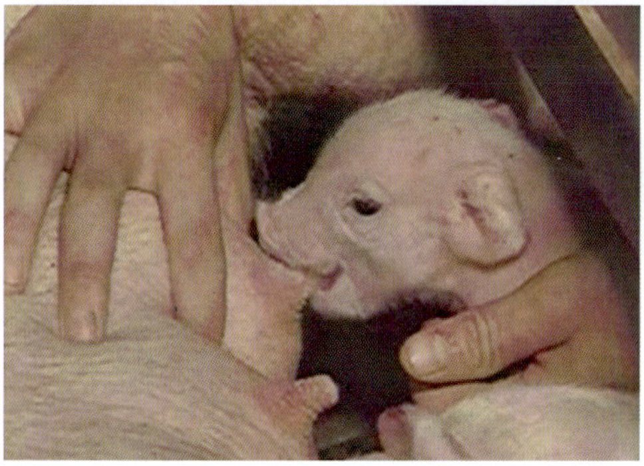

图4-37 人工固定乳头

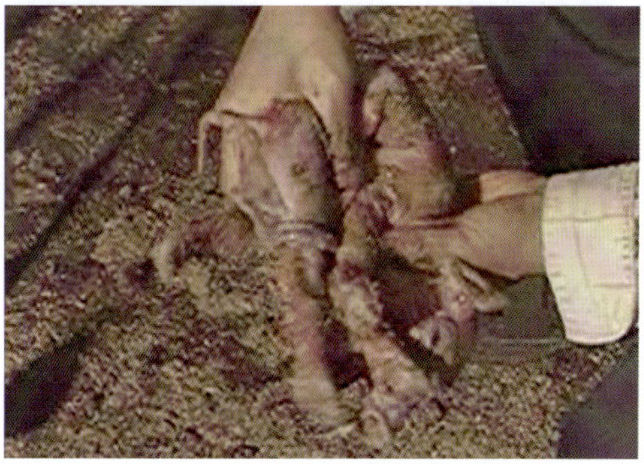

图4-38 假死急救办法

十、饲料营养

产仔前的母猪每日定量饲喂2.8 kg。分娩当天停止喂料，产后第1天喂料1 kg，逐日增加至第3天正常量。每日饲喂2.5 kg，每带仔一头加0.25 kg，体况较瘦的母猪，可增加喂料量，有条件的可加喂熟鸡蛋。

十一、管理

每天要对产后1周内的母猪，厌食、乳头红肿的母猪，所带仔猪发生下痢及生长不良的母猪作乳房检查，是否有坚硬、红肿、发热的症状，检查阴道有无不正常的阴道排泄物和肿胀的上阴，对食欲差的母猪做全面检查，发现异常及时治疗。

产后2～3天，仔细检查仔猪发育状态，若母乳不够，仔猪会比较瘦弱；母乳充足，仔猪生长迅速，肌肉体态营养良好，母乳不足注射2 mL催乳素，或10～20 g催乳粉与饲料混合连续饲喂。断奶前3～4天，母猪减料1.5～1.8 kg，断奶当天完全停止饲料供给，预防仔猪停止吮乳导致乳腺炎发生，同时注射维生素A、维生素D、维生素E，以促进断乳后正常发情。同时注意保持栏舍卫生清洁、舒适、温暖、安静、防止乳房损伤、冻伤，使母猪养成正常的哺乳规律。每天让母猪适当运动（参考运动量为每天1～2 km），增强体质，严禁饲喂发霉变质饲料，每天喂3次湿拌料，清扫2次猪舍，保证清洁饮水。

十二、适时断奶

当前农户，一般采用28～35日龄断奶；规模猪场，一般采用28日断奶。可分为一次断奶、分批断奶和逐渐断奶三种方法。

第六节 哺乳仔猪饲养管理

哺乳仔猪生长快，代谢旺盛（10日龄体重达到出生体重的2倍以上），但由于消化器官不发达，消化机能不完善，体温调节机能不健全，怕冷，缺乏先天免疫力，容易患病等生理特点，哺乳仔猪的饲养管理要“抓二食（奶食和料食）”“过三关（初生关、补料关和断奶关）”。

一、固定乳头

母猪无乳池，泌乳有间歇性，只分娩后2～3天是连续放乳，其后是由仔猪拱揉母猪乳头1～2 min后放乳，每次放乳时间10～20 s，平均昼夜哺乳20余次；产后3天内的乳汁为初乳，含有大量抗体物质，但仔猪吸收抗体的最佳时间是出生后24 h之内。

根据仔猪“四阶段”吮乳特性而固定。出生后24 h内是吃初乳的最佳时间，特别是出生后5 h内可100%吸收大分子抗体物质，此时肠壁通透性非常好，无条件无选择吸收，称为肠道的饱饮作用，初乳是仔猪生存的保护神，对于仔猪是不可缺少和取代的（图4-39）。

固定乳头的最佳时间——
- 找乳头（0～2 h）
- 选乳头（2～6 h）
- 抢乳头（6～18 h）
- 占乳头（18 h以后）

图4-39　乳头固定最佳时间

二、保温防冻防压

初生仔猪1～3日龄最适环境温度为30～32℃，4～7日龄为28～30℃，8～30日龄为22～27℃，根据不同日龄适宜温度需求可采用红外线保温灯、电热板防寒保暖。也可调整母猪产仔季节，让母猪3—5月和9—10月产仔，可避免严寒和酷暑天气的影响（图4-40至图4-43）。

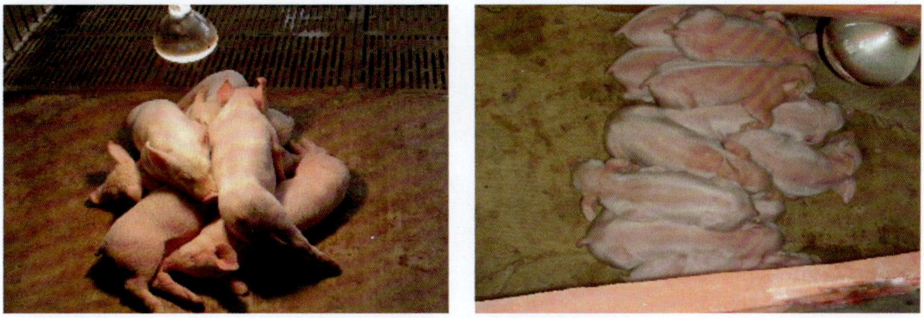

图4-40　保温不够，仔猪扎堆

图4-41　母猪哺乳

图4-42　用煤火给仔猪保温

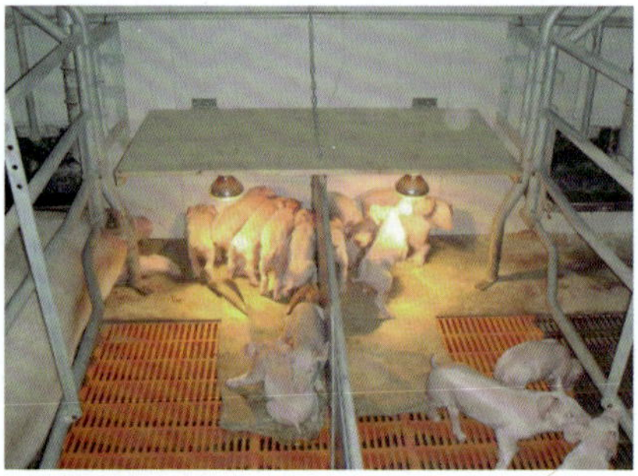

图4-43　现代仔猪保温设施

三、仔猪寄养技术

由于仔猪数量多于母猪的有效乳头数或同窝仔猪个体参差不齐，母猪异常终止泌乳等原因，可能导致仔猪营养不良、饥饿甚至死亡。所以将仔猪寄养给合适的母猪，是减少营养不良、饥饿和死亡非常有效的技术。通过交叉寄养可减少一窝仔猪的出生重差异，提高弱小仔猪的存活率和生长速度。“调配寄养”可在有过多孤儿仔猪时采用，但取决于猪场的健康状况。越来越多的猪场不会在产房间转移仔猪，并将寄养限制在产后24 h内。

根据仔猪能吮吸的母猪的有效乳头数来确定母猪的抚养能力，并观察仔猪吮乳行为，确定哪些仔猪没有固定奶头，哪些仔猪的状况可能会恶化。寄养最好在分娩后6 h内，在亲生母猪那里吃10～12次初乳后；营养不良的仔猪应被寄养给最近产仔的母猪，同时也要考虑健康状况。如果弱小仔猪能在自己母亲那里生长得更好，那么强壮的仔猪应被寄养。若寄养给刚生产的仔猪头数不多的母猪，弱小的仔猪会有更好的生存机会，那么可寄养弱小仔猪。挑选强壮仔猪（非病患）进行寄养，寄养给性情温顺、有细长奶头、生产1～3天内的母猪；据研究，凌晨4：00寄养易成功。

四、抓五补

（1）补铁。

母乳含铁量少（0.2 mg/100 mL），仔猪生长需铁量大（7 mg/天）；铁是血红蛋白、肌红蛋白、细胞色素酶和氧化酶的成分；缺铁则贫血、生长受阻、抗病力弱、易患病；缺铜则铁吸收受限，同时贫血造血、毛发生长、骨骼、结缔组织正常发育离不开铜。一般不易缺乏，但高铜对幼猪生长和饲料效率有促进作用（200 mg/kg饲料）。仔猪出生后应补Fe-Cu合剂，25 g硫酸亚铁+1 g硫酸铜溶于1 000 mL冷开水中，每天每头仔猪喂服2次，每次3～5 mL，也可在饮水或饲料中喂给；或注射富铁力、生血素、血多素（英国）、富来血（加拿大），按说明使用，一般3～4日龄注射1～2 mL，12～15天时再注射一次。

（2）补硒。

硒是谷胱甘肽过氧化酶的主要成分，可保护细胞内膜不受破坏，同时具有抗氧化作用，并促进维生素E吸收利用；如果缺硒，可导致仔猪食欲下降，精神不振，关节肿大瘫痪，猝死，剖检肝坏死，肌肉苍白，心包积水，心肌坏死，胃溃疡；我国绝大部分县是缺硒县。所以仔猪出生后3日龄肌注0.1%亚硒酸钠0.5 mL，断奶时再注射1 mL；也有注射硒-维生素E合剂，效果更好，应普遍使用；或者饲料中加入硒0.3～0.5 mg/kg（中国0.15 mg/kg，加拿大0.3 mg/kg，美国0.3 mg/kg）。

（3）补添加剂。

仔猪胃酸不足，不能激活消化酶对饲料产生消化作用，补酸有利于抑制胃肠道有害微生物繁衍，降低消化道疾病发生率，可促进矿物质和维生素的吸收，矿物质在碱性环境中易形成难溶的盐而不易被吸收，在酸性环境中形成易被吸收的络合物如延胡索酸和柠檬酸与Ca、Cu、Zn、Fe、P、Mg等形成一种生物效价高的络合物促进了吸收和保留，经试验研究发现，饲料中添加有机酸，则Ca、P、Mg、Zn的吸收率提高30%，仔猪体内常量和微量元素贮量增加13%～43%，维生素A、维生素C稳定性提高10.24%和12.20%。可以采用饮水或饲料中添加有机酸的形式进行补饲。

（4）补水。

水是消化、吸收、运送养分和排出废物的溶剂，也可调节体温和体液电解质的平衡，仔猪新陈代谢旺盛，生长发育迅速，母乳含脂率高，所需水量较大，仔猪缺水可导致其消化不良，食欲下降，因此，必须随时保证足够的清洁饮水。故猪场要安装自动饮水器或水槽，饮水器高度10～15 cm（仔猪肩部水平线上5 cm处），水槽常刷洗，勤换水，冬季可供给温热水，一般生后3天开始补给清洁饮水。

（5）补料。

补饲优质饲料是仔猪获取生长发育所需营养物质的唯一途径，母猪泌乳量在分娩后第3周达到高峰后逐渐下降，不能满足迅速增长的仔猪对营养物质的需求，补饲优质饲料可以降低断奶后生长停止的发生率，并使断奶时母猪的体况较好。当仔猪7日龄时，在仔猪能自由出入的补料箱（栏）的清洁、干燥、坚硬地面上撒上少量经膨化处理的新鲜优质乳猪颗粒料，要充分利用上午9:00至下午3:00仔猪活动时间来诱食，也可关进补料箱（栏）强制补料，每天2～3次；训练刚出牙和好奇的仔猪认料，锻炼其咀嚼和消化能力；每天清扫掉未吃完的饲料，换上新鲜饲料，4天后可在仔猪食槽中补料；严禁粪便污染饲料并保证充足清洁饮水。15～30日龄时，仔猪已有一定的消化能力，母乳已不能满足仔猪营养需要，仍可强迫训练，以减轻母猪泌乳的负担。当仔猪28～35日龄能正常采食颗粒乳猪料时即可断奶，断奶后仍喂7～10天乳猪料，然后再逐渐换喂仔猪料（仔猪料添加比例：1/5→1/4→1/3→1/2→1）。

五、免疫接种

预防传染病：仔猪一生下即皮下注射猪瘟疫苗1头份，2 h后喂初乳，30日龄进行猪瘟二次免疫，断奶时注射三联苗预防传染病，15～30日龄口服2次副伤寒苗。

定期消毒给予清洁饮水，母猪产前15天注射大肠杆菌工程苗、多价苗，饲料中添加酸化剂、抗菌素、益生素等综合措施预防仔猪腹泻。

第七节 仔猪饲养管理

一、平稳过渡

断奶时，先赶走母猪，让仔猪留原栏饲养4～5天，断奶半月内饲料组成不变，饲养方式、饲养时间不变，饲养人员不变，保持与原来基本相似的饲养管理秩序，使之不会因骤变引起仔猪消化机能减退进而发生腹泻。

二、组群

进入保育舍，仔猪组群，尽量保持按窝分群，适当调整大小，较弱的集中一栏，加强护理，投喂药物，加强保温，编群时，将编群仔猪放入较大运动场，饲喂鲜嫩青绿饲料，让其相互熟悉后再合群圈养。

三、少量多餐，逐渐过渡

仔猪断奶7天内，投放饲料应少量多餐，细心护理，每天4～6次，断奶第一天不可喂料，第二天开始喂料，并逐渐增加，同时拌入抗生素防止因暴吃而腹泻。仔猪断奶15天左右，逐渐由仔猪料转换成小猪料，应安排7天转换过渡期。

四、防寒保温

冬春断奶仔猪应作好防寒保温工作，一般栏舍应保持20℃以上，发现仔猪叠堆，说明室温较低，需打开保温灯；若仔猪分散活动，则不需开保温灯；若夏秋气温过高，超过32℃，应采取淋浴降温或排风扇通风降温。

五、驱虫防疫

断奶后4周口服抗寄生虫药帝诺玢（一吨料加1 kg，连喂7天），驱除体内外寄生虫。每周用0.5%卫康对猪舍进行带猪消毒2次。搞好免疫注射，要求绝对保证将各种疫苗逐头按要求剂量注射到正确部位。发现病情及时治疗。

第八节 生长育肥猪饲养管理

猪的肥育是养猪生产中的最后一个环节。此阶段的主要任务是在较长的时期内，用较少的劳动力和饲料，使猪生长快，肉质好。

一、合理分群

及时调教，对体小瘦弱的猪尽量分开饲养，给予充足饲料。适宜规模是每栏饲养10～20头，密度为每头猪平均占地面积为0.8～1 m^2。

二、适宜环境控制

1. 适宜温度

$$T=-0.06W+26 \text{或}（T=26-0.06W）$$

式中，T为最高生长速度时需要的最适温度（℃）；W为猪的活重（kg）。

猪体重每增加10 kg，舍温下降0.6℃，适宜温度下，猪的平均日增重可达900 g以上。

2. 适宜湿度

猪最适宜的相对湿度为50%～70%。温湿度是相关联的，获得最高日增重的适宜温度为20℃和相对湿度50%。研究表明：潮湿空气的导热性为干燥空气的10倍。猪舍湿度越大，猪体散热越多，猪体感冷，生长受阻，易患病。因此，要求猪舍干燥。

3. 通风换气

猪舍应以螺旋式通风换气为宜，禁止对流式通风换气。冬春空气流速以0.2 m/s，夏秋以0.8 m/s为宜。每头肉猪每小时换气量冬春季为45 m^3，夏秋季为65 m^3。

4. 光照

大量研究表明，光照对肉猪的日增重和饲料转化率均无显著影响。

三、饲料调制与饲喂技术

试验表明，稠喂比稀喂饲料营养物质利用率提高35%以上，氮的存留率提高45%；喂颗粒料比喂湿粉料日增重提高216%，节省饲料369%。所以，颗粒料优于粉料，湿喂优于干喂，稠喂优于稀喂。体重在20～60 kg的猪，应利用其生长快、饲料利用率高、沉积脂肪少等特点采用不限量方式日喂2次，吃饱吃净为度。保持充足饮水，厩舍干燥卫生。体重在60～100 kg的猪，应限量喂给，这样可减少背膘厚，提高瘦肉率，提高饲料转化率，日喂2.2～2.6 kg，每日2次。保持充足清洁饮水，厩舍干燥卫生。

四、调教

做到食、睡、便三定位。做好调教工作，必须“三勤一早”，即：勤守候、勤驱赶、勤调教，抓得早（当猪进入新圈舍时应立即抓紧调教）。

五、防疫驱虫

1. 防疫

若仔猪阶段已进行有效防疫注射，则转入肉猪群后到出栏前，无须再进行防疫注射。但当周围出现疫情时，为防万一，可再注射一次疫苗。猪舍每月用2%NaOH溶液消毒一次。饲养员不得在各幢猪栏之间互串。

2. 驱虫

肉猪的寄生虫主要有蛔虫、姜片吸虫、疥螨和虱子等体内外寄生虫，一般肉猪在80日龄进行第一次驱虫，50 kg左右，再进行第二次驱虫。

3. 驱虫药物

驱虫净（四咪唑）用量为每千克体重20 mg；丙硫咪唑用量为每千克体重100 mg，拌饲一次喂服；驱疥螨和虱子：敌百虫用量为每千克体重0.1 g，溶于温水中，擦洗猪体。注意驱虫后排出的虫体和粪便，要及时清除发酵，以防再度感染。

六、适时出栏

达到出栏体重即行出栏，出栏体重因猪种不同而异。土洋杂猪一般90～100 kg出栏，瘦肉型猪一般100～130 kg出栏，用于腌制的本地猪一般120～140 kg出栏，小型猪种，如滇南小耳猪等，一般50～60 kg出栏。

第五章

常见疫病防控技术

第一节 非洲猪瘟

非洲猪瘟（African swine fever，ASF）是一种由非洲猪瘟病毒（*African swine fever virus*，ASFV）引起的所有品种和年龄的家猪和野猪的传染病。临床症状根据流行毒株的致病力不同而有很大差距，从超急性、急性、亚急性到慢性不等。急性非洲猪瘟的特点是高热、网状内皮系统出血和高死亡率。欧洲野猪和野化家猪也易感，临床症状和死亡率接近于家猪。非洲野猪如疣猪（*Phacochoerus aethiopicus*）、丛林猪（*Potamochoerus porcus*）和大森林猪（*Hylochoerus meinertzhageni*）对该病不易感，很少出现或无临床症状。这些非洲野猪在当地是该病的储存宿主（Sánchez-Vizcaíno，2006）。现已证明钝缘蜱属的软蜱是ASFV的储存宿主和传播媒介。世界动物卫生组织（OIE）将其列为法定报告动物疫病（A类动物疫病），该病也是我国重点防范的一类动物疫病。急性型特征是发病过程短，超急性和急性感染病死率可高达100%，临床表现为发热（40～42℃），心跳加快，呼吸困难，部分咳嗽、鼻孔流血、呕吐及腹泻，有的呕吐物及腹泻粪便带血，眼鼻有浆液性、黏液性或脓性分泌物，皮肤发绀，淋巴结、肾脏、胃肠黏膜明显出血，脾脏异常肿大、质脆、颜色通常呈深蓝紫色。非洲猪瘟临床症状及病理变化与古典猪瘟的临床症状及病理变化高度相似，只能通过实验室检测进行最终的确诊。

一、病原

ASFV是非洲猪瘟病毒科（Asfarviridae）非洲猪瘟病毒属（*Asfivirus*）的唯一成员，它是一种复杂的大DNA病毒，二十面体对称，有囊膜，具有虹彩病毒科和痘病毒科的许多特征（Arias和Sánchez-Vizcaíno，2002a；Vinuela，1985）。该病毒对外界环境抵抗力强，对腐败和干燥环境都有很强的耐受力，在有机质存在条件下，会表现出更强的抵抗力。病毒耐低温，对高温敏感，低温暗室内存在血液中的病毒可生存6年，室温中可存活数周；加热被病毒感染的血液60℃ 20 min，病毒才能被破坏；许多脂溶剂（乙醚及氯仿）和消毒剂（碘制剂、苯酚类、福尔马林）也可将其破坏。非洲猪瘟（ASF）不是一种人畜共患病，不会影响到公共卫生（Sánchez-Vizcaíno等，2009）。ASFV检测应在主管部门批准的实验室操作，并遵守OIE3级和4级病原体生物防护措施准则。

二、临床症状

该病的潜伏期通常为4～19天。强毒力毒株可引起以高热、食欲废绝、皮肤和内脏出血为特征的最急性和急性出血性疾病，通常在4～10天内死亡，有时甚至在出现临床症状前死亡，死亡率高达100%。毒力稍弱的毒株感染表现为轻微发热、食欲减退、精神沉郁等温和临床症状，易与猪的其他疾病相混淆而不会怀疑是ASF。不会产生出血症状的低毒力毒株偶尔会引发一些非出血性亚临床症状或仅是血清转阳，但有些动物可在肺脏和骨骼突出部位的皮肤上出现个别损伤，或在其他部位存在散在病灶。急性或慢性病例自然痊愈后可转成持续性感染，成为病毒携带者。

1. 超急性型非洲猪瘟

超急性型非洲猪瘟由高毒力的病毒毒株引起。病猪往往无明显症状就突然倒地死亡，个别猪只出现食欲不振、惊厥的症状，并在几个小时内死亡，器官无明显病变。

2. 急性型非洲猪瘟

急性型非洲猪瘟是该病的最常见表现形式，由高毒力或中等毒力的毒株所引起。感染急性非洲猪瘟的猪病初表现为高热（40～42℃），随后逐渐开始食欲废绝、精神沉郁、共济失调、咳嗽、呼吸急促，白色被毛的猪只感染后可见其四肢、耳部、尾部等末稍处出现皮肤发绀。感染猪只通常在出现高热1周后死于休克，鼻唇可观察到泡沫。其他临床症状包括脓性鼻液、鼻血、呕吐（带血）、疼痛、便秘或腹泻（带血）（图5-1）。母猪可出现流产，且在一些病例中流产是该病暴发的前兆。出现以上症状的猪，其中90%～100%将在7天内死亡，康复猪带毒时间长达3个多月。

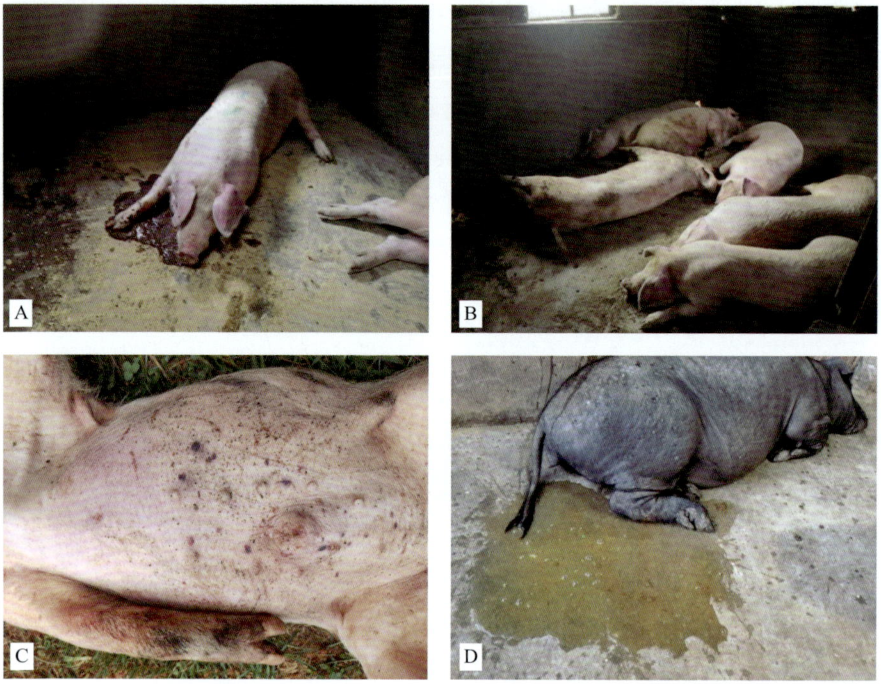

A. 发病猪呕吐，部分猪只鼻孔流血；B. 发病猪只发热、打堆，耳尖及四肢皮肤发绀；C. 病死猪皮肤可见紫癜（出血）；D. 部分发病猪只腹泻

图5-1　急性非洲猪瘟临床表现

3. 亚急性型非洲猪瘟

亚急性型非洲猪瘟主要由中等毒力的毒株引起，感染动物所表现的临床症状与急性型类似，只是出血与水肿比所报道的急性型病例要更严重，且流产是亚急性型的首要临床症状。

4. 慢性型非洲猪瘟

慢性型非洲猪瘟主要由低毒力毒株引起或由急性型转化而来，主要以皮肤坏疽及关节炎为主要特征。体温39.5～40.5℃，呈不规则波浪热，生长抑制、跛行、出现呼吸系统症状、流产及低死亡率，与其他型相比，慢性型并不出现血管病变，大部分病猪都能康复，并长期带毒。

三、病理变化

非洲猪瘟病毒会引起多种病变类型，这取决于病毒毒株的毒力。急性和亚急性以广泛性出血和淋巴组织坏死为病变特征。病变主要发生在脾脏、淋巴结、肾脏、心脏等器官组织上。内脏器官广泛性出血（图5-2A）。脾脏异常肿大，呈深蓝紫色，质地脆弱（图5-2B）。肺脏常伴发严重肺炎（图5-2C）。淋巴结肿大、出血，呈暗红色，切面呈大理石样。肾脏表面及皮质有点状出血（图5-2D）。心包中含有猩红液体，心内膜及浆膜可见斑点状出血（图5-2E）。在一些慢性或者亚临床病例中病变很轻或者几乎不存在病变。

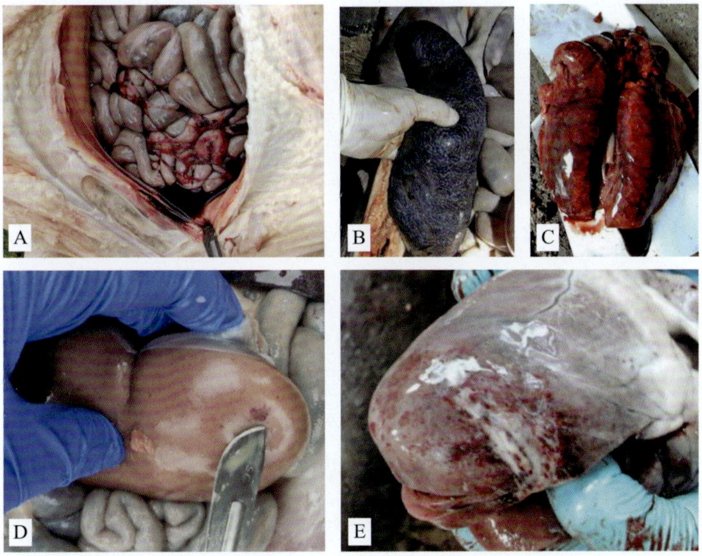

A. 胸、腹腔内可见血色积液；B. 脾脏肿大呈蓝紫色、质脆；C. 肺脏肿大，充血、出血；D. 肾脏表面可见针尖状、点状出血点或者出血斑块；E. 心脏浆膜面可见点状或斑块状出血

图5-2 非洲猪瘟病例常见病理变化表现

在急性病例中，还会出现其他病变，例如，腹腔内有浆液性、出血性渗出物（图5-2A），整个消化道黏膜水肿、出血。肝脏和胆囊充血，膀胱黏膜斑

点状出血。脑膜、脉络膜、脑组织发生较为严重的水肿出血。

亚急性型感染猪可见淋巴结和肾脏出血，脾肿大、出血，肺脏充血、水肿，有时可见间质性肺炎。

慢性型感染猪可见肺实变或局灶性干酪样坏死和钙化。病程较长者，大多发生纤维素性心包炎、肺炎以及关节肿大等慢性病变。

四、诊断

非洲猪瘟的临床症状和病理变化与猪的其他一些出血性、高度接触性传染病很相似，比如猪瘟、高致病性蓝耳病、猪丹毒、败血型猪链球菌病及沙门氏菌病等。因此，很难或者不能根据临床症状和眼观病变来判断是否为非洲猪瘟，实验室检测是诊断该病最可靠、最准确的方法。通常采集猪的EDTA K2抗凝血、脾脏、淋巴结、扁桃体、肺脏、肾脏组织样品送检，也可采集猪的口鼻肛拭子和血拭子样品。如有需要检测环境、车辆、用具、物资外包装及人员等样品时，可用无菌纱布、棉花等经无菌生理盐水浸湿后挤除多余水分后反复擦拭需取样的部位。注意采样时避免样品之间的交叉污染，采样时务必要及时更换手套、针头、剪刀、镊子、手术刀等一次性耗材及手术器械。非洲猪瘟的实验室常用诊断方法主要有TaqMan探针法实时荧光定量PCR（qPCR）、传统PCR及酶联免疫吸附试验（ELISA），这几种方法均被国际动物卫生组织推荐。qPCR方法较PCR灵敏度更高，不仅可以检测出猪只口鼻肛拭子、咽拭子、血液及内脏组织中的ASFV，甚至可以检测出首发病猪排泄物污染的环境、水源、运输工具、人员及器械等用品上的ASFV。ELISA是一种最常用的血清学检测方法，目前有很多品牌的商品化试剂盒可用于ASFV抗体检测。由于目前尚无ASF疫苗，若检出ASFV抗体则提示猪只曾经受到过ASFV感染，如果猪只免疫接种过非法疫苗（多为基因缺失疫苗）或者饲喂过某些非法ASFV基因表达产物类生物制品添加剂后，血清样品有可能检测出ASFV抗体呈阳性。

五、防控

迄今为止，尚未发现治疗ASF的有效药物，也无有效预防的疫苗。ASF的防控重点在于避免易感动物与病毒接触，做好养殖场生物安全防护是防控非洲猪瘟的关键。

要严格控制猪及猪肉制品的进口，严禁从非无疫国家或地区引种、进口生猪及猪肉制品；禁止进口、生产或饲喂受ASFV污染的动物源性饲料原料或饲料产品；严禁使用餐厨剩余物饲喂生猪；严格控制人员、车辆、用具和其他动物进入养殖场；进出养殖场及其生产区的人员、车辆、用具、物品要严格实施隔离、清洗、消毒等措施；避免边境地区家猪与野猪的接触。尽可能封闭饲养生猪，采取隔离防护措施，尽量避免饲养家猪与野猪、钝缘软蜱接触；养殖场要定期开展灭鼠、蟑螂、蚊蝇、蜱虫等工作，做好防鸟、鼠、流浪猫狗、野生动物等硬件防护措施；养殖场日常生活必需品应严禁外购猪肉及其制品，肉食品及蔬菜等消费应力争场内自给自足；ASF的有效控制是基于快速的诊断检测、隔离、清洗、消毒、扑杀及无害化处理。对有疑似症状的猪只应严密监测，严格按照动物防疫法和国家颁布的ASF疫情应急实施方案进行处理；积极配合属地动物疫病预防控制及动物卫生监督机构开展疫病监测排查，特别是发生猪群经猪瘟疫苗免疫后仍然出现类似猪瘟的疫情、不明原因的死亡且经药物治疗无效的情况，应及时上报当地兽医主管部门进行采样确诊。引种或采购猪苗时务必全群采样进行ASF病原学及血清学检测，只有二者检测结果均为阴性才符合引种要求。引种后建议隔离观察45天后再进场或并群，受条件限制时，隔离观察期至少不能少于ASF的最长潜伏期21天。

六、复养技术

非洲猪瘟发生后必须对猪场的一些设备、设施进行升级改造，并重新引种建群。

目前，复产成功的猪场大多为育肥场，自繁自养的母猪场因生产流程多，生物安全漏洞也更多。因此，复养猪场要根据实际情况选择合适的生产模式。

对于因感染非洲猪瘟后的猪场，如果猪场周边还有疫情，则不建议复养，待疫情解除后进行复养风险评估。在条件允许的情况下，可以采取一些措施进行处理，达到复养条件后，再进行评估。

首先对前次感染非洲猪瘟的原因进行深刻分析，查找相关原因，并进行改进。

1. 猪场选址

如果是猪场建设方面的原因导致的，则需要对猪场重新选址建设或者改造。养殖模式也是影响复产成功与否的重要因素。

猪场的选址非常关键，是保证猪群健康的首要条件。如果猪场的选址无法达到生物安全管理的相关要求，如原猪场地势建设在低洼区域，例如在雨水较多地区或季节，地势低洼的猪场经过一场暴雨冲洗后，由于水流携带非洲猪瘟病毒而被感染的可能性增加，也没有很好的排泄防洪设施，不建议原址复产，建议重新选址建设。如原猪场地处交通枢纽，且距离村庄较近，村民混杂不易管理，也不建议原址复产。非洲猪瘟的传播会加大环境的病毒载量或乱扔病死猪等行为导致浅表水源的污染，所以复养前要排查水源的污染，如果猪场使用的是河流水源，也不建议原址复产。

重新选址时，对需要经常引种的扩繁场，建议在间隔200 m以上距离外，规划配套建设一个引种隔离场；同时配套建设一个洗消中心。并在新址规划建立3000 m防疫带。钝缘蜱、苍蝇等蚊虫，野猫、老鼠及散养家禽等一般活动范围不会超过3000 m。3000 m防疫带的建立可有效切断动物等媒介的传播途径。

2. 猪场改造

如果是场区内的建设原因，则需要重新规划建设，以实现小单元区域化管理为目的。升级改造生物安全设备，采购中转运输车辆、高压热水清洗机、实时荧光定量PCR仪等，增加物资熏蒸消毒室、员工返场的隔离区等，禁止外来人流、车流、物流等直接进入生产区。非洲猪瘟病毒可以在泥土存活的时间约205天，因此发过病的场猪需要对场内及猪舍周边的泥土进行水泥硬化处理；如果是传统水管栏，则需要改造为实体水泥墙或用PVC板，把猪栏隔开；如果是长条的水槽和料槽，则需要改造为独立的水槽和料槽，尽可能满足每头猪一个料槽位。开放式猪舍或者半开放式猪舍，需要安装纱网，且外面墙体下部需要设立防疫沟渠，防疫沟渠底部铺撒防鼠碎石。

3. 清扫清毒

（1）原位消毒。

原位消毒是指将病原微生物在原地杀灭，不移动、不扩散，减少病毒的污染，尤其是发生过疫病的猪栏或猪舍，建议使用泡沫消毒方法，即将泡沫消毒剂按比例（1：200）稀释，然后均匀喷于猪舍内所有设备设施的表面，并保持3～4 h，然后用生石灰均匀铺撒地面，并喷水，间隔6 h后，再进行泡沫消毒一次。原位消毒后，将可拆卸可移动设备，拆卸移动至指定处理区域。

（2）清洗。

使用高压冲洗，对拆卸的水龙头、饮水器等进行浸泡消毒，等所有地方冲洗完成后，再使用低浓度1：（600～800）的卫可（过硫酸氢钾复合粉）稀释液低压冲洗粪便等污物，冲洗时要注意顺序和力度，最好不要形成空气溶胶（图5-3）。清洗中也可以使用火碱和高压枪提升效率，清洗全程采用1：（600～800）卫可稀释液。对于不可移动的设备进行喷洒、擦拭等清洗操作，最后可以用1：50的高浓度执行去生物膜操作。同时粪便也需要清扫至指定区域处理。

图5-3　猪场消毒

建议对清洗效果进行检查，也可以用ATP检测仪辅助检查。发现不合格的区域需要重新进行清洗，合格后空置。

（3）空置。

需要整理洗消工具并将物资撤离，之后安装相应的设备，并且密封栏舍，空置期主要是留时间安排人员休整，同时还要安排专业人员的采样工作。

（4）再消毒。

化学消毒可以采用卫可1：100对所有区域消毒，次数为7～8次，每次间隔不低于1 h。对于重度污染的猪场，可以考虑浓度为1：50，某些重度污染区可以用火焰再次消毒。设备等拆卸物品采用相应的方法进行消毒。此外，再根据天气条件确定是否烘干升温。

（5）检测与验收。

最后这一环节需要第三方检测或者猪场自检认可。采样以点采样为主，只要采样的点足够，效果和以面采样是一样的（图5-4）。建议同时进行ATP和荧光定量PCR检测，确保复养前猪舍消毒是彻底的，无非洲猪瘟病毒的存在。ATP荧光检测仪基于萤火虫发光原理，利用“荧光素酶—荧光素体系”快速检测三磷酸腺苷（ATP）。由于所有生物活细胞中含有恒量的ATP，所以检测ATP可反映终末消毒后残留微生物的多少，快速方便。彻底消毒后环境病毒含量很低或没有，进行荧光定量PCR检测时只有相对敏感的试剂盒才能检测出，所以必须要对PCR检测试剂的敏感性和特异性进行评估，防止带毒生产的情况出现，导致复产失败。

如果环境检测出阳性，重新进行清洗消毒。然后空栏42天后，再次进行环境检测，如果全部为阴性，可以投放哨兵猪进行试养，通过30天左右的试养后，再次进行检测，如果猪只为阴性，可以进行复养。

复养是一个系统工程，每个环节对疫病的防控都是重要的，复养的成功与否在于执行力。

图5-4　专业人员进行环境样品取样

4. 猪场管理

如果是猪场管理方面的原因导致的，则需要重新制定猪场的管理办法并重新招聘和培训相关工人，强调管理制度的执行力和管理责任。

（1）人员管理。

人员是具有主动意识和最多的流动性，是最可能的传播媒介，其实特别强调牺牲人员健康的生物安全防控方式是存在巨大漏洞的（图5-5）。加强人员的培训与管理，牢固树立生物安全意识，关键的地方安装摄像头。完善外出请假登记制度及返场的隔离制度，个人物品做好严格的消毒处理。员工请假外出归来，要采样检测ASFV核酸。同时要明确规定下雨天不能进行与猪只转运相关的工作，包括场内转猪、卖猪等工作，因为雨天难以进行有效的消毒工作，而且病毒会随着水流到处蔓延。

图5-5 人员消毒通道

（2）场内的物资管理。

严禁全体员工购买猪肉或猪肉制品的食品。不能因为某个人职位高而搞特殊化，区别对待。车辆中外部运猪车风险最大，其次是饲料车；建议采用中转和多级（二级以上）洗消模式，并且要注意洗消站交叉污染的问题。

（3）饲料及防疫药品管理。

饲料可因地制宜地采取比例熏蒸、干炒等方法进行消毒（图5-6）。

图5-6 饲料干炒消毒

（4）虫媒及小动物管理。

钝缘软蜱、蚊虫在摄入感染ASFV的猪的血液后3 h和12 h采集的样本中均检测到了具有传染性的ASFV，提示钝缘软蜱及蚊虫具有传播ASFV的能力；同时一些中小规模的养猪场内还有野猫、老鼠及散养家禽等，这些动物均可对ASFV的传播起到重要作用。定期开展灭鼠，杜绝鼠害。对粪沟、水沟定期喷洒灭蚊的药物，减少蚊蝇滋生。尤其要注意对软蜱的杀灭。复养前对猪场内外和猪舍内外环境、缝隙，巢窝和洞穴等处用对蜱有效的药物40%辛硫磷浇泼溶液或氰戊菊酯溶液进行喷洒。开始每周1次，连续喷洒2周，此后每月定期喷洒1次。

第二节 口蹄疫

口蹄疫（FMD）是哺乳动物的一种高度接触性传染病，主要侵害偶蹄动物，具有严重的潜在经济危害。口蹄疫病毒（FMDV）有7个血清型，分别为O、A、C、SAT1、SAT2、SAT3和亚洲Ⅰ型，且各血清型无交叉免疫保护力。FMDV可以存在于急性感染动物的所有分泌物和排泄物中，包括呼出的气体。病毒一般通过感染动物和易感动物间的直接接触而传播，很少由急性感染动物的分泌物和排泄物或未煮熟的肉制品间接传染给易感动物。家养动物诸如牛、猪、绵羊、山羊和水牛（*Bubalus bubalis*）均对FMD易感，此外，许多野生偶蹄类动物也可感染。在骆驼科中，双峰骆驼和新世界骆驼被证明对FMD易感（Larska等，2009）。在非洲，非洲水牛是SAT血清型FMDV的保毒宿主，排出的病毒时常感染家畜或偶蹄野生动物。牛通常是FMD病毒的主要储存宿主，牛带毒期一般不超过6个月，个别可达3年。非洲水牛个体带毒可达5年以上，但一般不会终生带毒。绵羊和山羊带毒通常不超过数月。典型的FMD病例特征是在蹄、口腔黏膜、母畜乳头上出现水泡。临床症状从轻到重，程度不一，部分动物可致死，特别是对幼龄动物，临床症状的严重程度及病死率高低主要由FMDV流行毒株的致病力所决定。某些种类的动物如非洲水牛（*Syncerus caffer*）感染后可表现为亚临床症状。诊断建议采集未破裂和刚破裂的水泡皮或水泡液，如果采集不到上述组织，也可用采集反刍动物的血液和/或用食道探杯采集食道-咽部黏液（OP液），用拭子采集猪的咽喉液，这些样品中也存在病毒。死亡动物可采集心肌组织或血液，但如有可见水疱，则以采集水疱皮为好。至关重要的是，可疑病例样品必须在生物安全条件下按照我国颁布现行的有关技术法规运输，而且只能送往指定的授权实验室进行诊断、检测及病毒分离。

一、病原

FMDV隶属于微核糖核酸病毒科，口蹄疫病毒属，为无囊膜的单股正链

RNA病毒，是目前已知最小的动物RNA病毒，其最大颗粒直径为23 nm，最小颗粒直径为7～8 nm。我国流行的口蹄疫血清型主要为O、A、C型。口蹄疫病毒在病猪的水疱液、水疱皮中的含毒量最高，FMD病毒也被证明能以非复制方式存在于淋巴结中（Juleff等，2008）。该病毒在冰冻情况下对外界环境的抵抗力很强，口蹄疫病毒的耐热性差，阳光直射下60 min即可杀死，所以在夏季高温季节很少暴发；病毒加温85℃15 min、煮沸3 min即可死亡。该病毒对酸、碱都非常敏感，在pH值6.5的缓冲液中，在4℃条件下14 h可灭活90%；当pH值5.5时，1 min可灭活90%；当pH值5.0时，1 s即可灭活90%。

二、临床症状

该病的潜伏期通常为2～7天，其中排毒高峰期有5天。病猪的主要临床病症为舌面、口腔和鼻镜部与蹄部出现水泡或者溃疡，伴有40℃以上的高热，精神沉郁，食欲不振。一旦在口腔黏膜或者舌面部分出现溃疡，病猪就会出现大量流涎、采食困难的现象。随着病程的发展，相继在蹄冠、蹄踵、蹄叉、口腔的唇、齿龈、舌面、鼻镜、鼻端以及乳房的乳头等部位出现1个或多个类似米粒、黄豆或蚕豆大小不等的水泡，形成的水泡在2～3天破裂。在此期间若没有诱发继发性感染，伤口在一周左右结痂后即可自愈。如果水泡破裂引发继发性细菌感染，蹄部则会出现溃烂，严重时病猪出现跛行、精神萎靡，甚至蹄壳脱落、行动受阻。成年猪的抵抗力较强，患病后的致死率较低，而妊娠期的母猪则容易发生流产，初生仔猪和哺乳仔猪外观症状不明显，通常呈急性胃肠炎、腹泻及心肌炎症状，病程很短，出现痉挛、嚎叫，突然死亡，病死率可达60%～80%，有的甚至达到100%。

三、病理变化

病猪身体大部分黏膜会出现水泡以及溃烂，主要集中在口腔黏膜、唇黏膜和气管等部位，消化系统中的胃肠黏膜也会出现溃烂甚至出血（图5-7）。最典型的病变有心肌病变和点状出血，心包积液呈浑浊状，心肌纤维变性，心肌的切面会出现淡黄色或者是灰白色斑点、条纹，人们经常将其称为“虎斑心”。

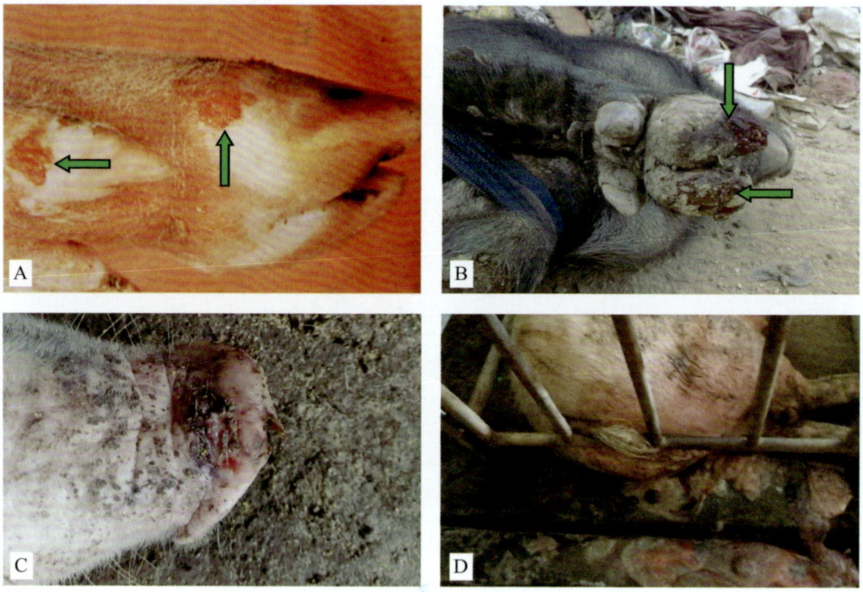

A、B. 口蹄疫发病猪蹄冠、蹄踵、蹄叉及蹄底部肉垫均可见水泡或水泡破溃后形成的溃疡烂斑，严重的出现蹄壳脱落；C. 吻部可见水泡或水泡破溃后形成的溃疡和烂斑；D. 妊娠母猪可发生流产

图5-7 口蹄疫发病猪的症状

四、诊断

在临床症状上FMD不易于与其他水泡性疾病，如猪水泡病（SVD）、猪A型塞内卡病毒病（SVA）水泡性口炎和水泡性疹相区别，因此，确诊FMD可疑病例必须依靠实验室诊断。猪口蹄疫的实验室诊断方法多种多样，临床上可以结合本地区的实验室条件综合选择，常用的诊断方法主要包括RT-PCR、RT-qPCR、酶联免疫吸附试验（ELISA）等，这些试验均具有快速、廉价、高效的特点，特异性、灵敏度较高。

五、防治

1. 治疗

对于呈现出心肌炎症状的仔猪可采用干扰素或者干扰诱导剂进行处理。患病猪需要在加强饲养管理的同时做好护理工作，病猪的口腔可用0.1%高锰酸钾、食醋或干净清水进行冲洗，糜烂创面可用1%～2%的明矾或碘甘油进行涂抹，或者使用冰硼散。对于病猪的蹄部，由于可能会有严重的糜烂，所以需要谨慎处理，可用0.1%高锰酸钾溶液冲洗干净后涂抹紫药水或抗生素软膏进行抗菌消炎。乳房可用肥皂水清洗，然后涂以青霉素软膏或其他刺激性小的防腐软膏，定期将奶挤出以防乳房炎。病猪常伴有心脏功能衰减，因此对于特别严重的病例，必须配合强心剂来进行治疗，治疗过程中要避免病猪受到惊吓，减少应激。

2. 预防

加强生物安全防范措施及饲养管理工作，提高猪只自身抵抗力，做好定期环境、圈舍卫生清理和消毒、驱虫工作，常年保持干燥清洁。常用消毒剂有过硫酸氢钾复合粉、碘伏、戊二醛、高锰酸钾等，也可用火碱溶液喷洒。

猪口蹄疫的防控措施中，免疫接种是关键，大小猪均可接种FMDV灭活疫苗，疫苗通常有O、A单价或二价灭活疫苗，不过所用疫苗的血清型必须与本地区流行的口蹄疫血清型一致。要严格使用国家规定的正规厂家生产的疫苗，避免免疫失败。接种后要监测免疫抗体水平，抗体水平在70%以下的必须进行加强免疫接种。防治猪口蹄疫，需要牢牢把握住“早、快、严、小”的原则，即“早发现、快隔离、严消毒、小损失”。养殖生产者在饲养生猪的过程中，需要牢牢掌握这些生产技术要点，猪口蹄疫才会得到良好的治疗与控制。

第三节 猪繁殖与呼吸综合征

猪繁殖与呼吸综合征（Porcine reproductive and respiratory syndrome，PRRS）是一种由猪繁殖与呼吸综合征病毒（PRRSV）引起的以母猪繁殖障碍及仔猪和育肥猪呼吸道症状为特征的传染病。该病毒归为套式病毒目的动脉炎病毒科（Arteriviridae）动脉炎病毒属（*Arterivirus*），其感染的主要靶细胞为猪肺泡巨噬细胞，有两种主要抗原类型，即1型（欧洲型）和2型（美洲型）。2种血清型在我国均有存在，但对我国生猪生产危害最严重的是美洲型毒株。存在于我国的美洲型毒株根据毒株类型的不同可分为经典毒株和高致病性毒株。PRRSV主要通过感染猪传播，也可通过粪便、尿液、精液和污染物传播。

一、病原

PRRSV是一种有囊膜的单股正链RNA病毒，病毒粒子呈球形，直径为55 ~ 60 nm。该病毒在环境中不稳定，对干燥环境尤其敏感，同时对去垢剂、脂溶剂、高温、酸碱性均较敏感，在环境中不能够长时间存活。但当在-70 ~ -20℃环境中则可存活数月乃至数年。对热环境敏感，在-20 ~ 21℃条件下，病毒可保持1 ~ 6天的感染力；在37℃条件下，感染力仅能够保持3 ~ 24 h；当外界环境达到56℃时，感染力明显下降，仅可保持6 ~ 20 min。酸碱环境对病毒活力的影响也较大，尤其不耐碱，当pH值低于6或高于7.5时，病毒感染力将迅速丧失。

二、临床症状

各种年龄的猪发病后大多表现有呼吸系统症状，但具体症状不尽相同。

1. 母猪

母猪染病后，初期出现厌食、体温升高、呼吸困难、流鼻涕等类似感冒的症状，少部分感染后出现四肢末端、尾、乳头、阴户和耳尖发绀，并以耳尖发绀最为常见，部分母猪皮肤出现大范围弥漫性出血或发绀（图5-8）。个别母猪腹泻，后期则出现四肢瘫痪等症状，一般持续1 ~ 3周，最后可能因为衰竭而死亡。PRRSV感染母猪可引起明显流产、死胎、早产、木乃伊胎、流产后不规则发情或不孕（图5-9），母猪还可出现无乳、共济失调的症状。

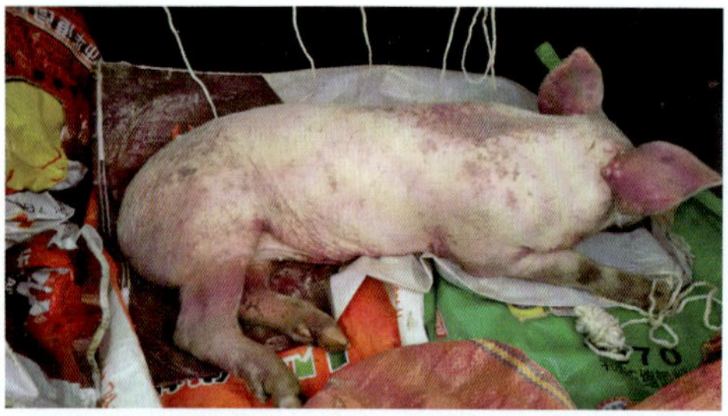

图5-8　发病猪皮肤大范围弥漫性出血、发绀，整个耳廓严重发绀、出血

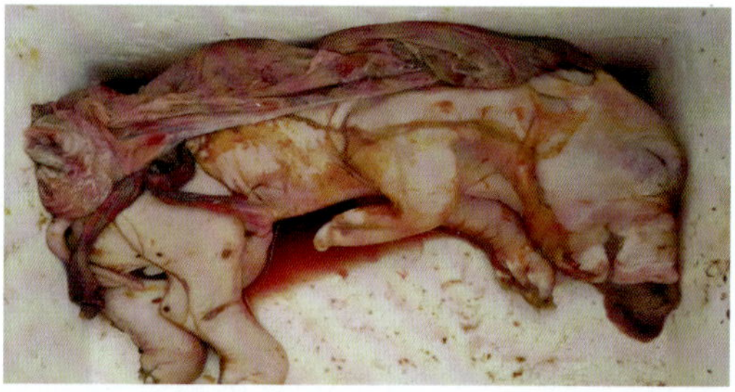

图5-9　母猪流产及产死胎

2. 公猪

公猪感染后表现咳嗽、打喷嚏、精神沉郁、食欲不振、呼吸急促和运动障

碍、性欲减弱、精液质量下降、射精量少，并可通过精液排毒传播该病。

3. 仔猪

早产弱仔的死亡率可高达60%，并且有精神沉郁、机体消瘦、呼吸困难等症状。有时个别猪伴有贫血、血小板减少、划桨运动或震颤，并有脐部等部位的出血以及细菌性多发性关节炎和脑膜炎的症状。断奶仔猪在感染PRRSV强毒后其生产性能下降显著，由感染初期的精神沉郁、食欲下降、体温升高到后期食欲基本废绝、咳喘、呼吸困难、四肢无力、出现神经症状，最后死亡（图5-10）。

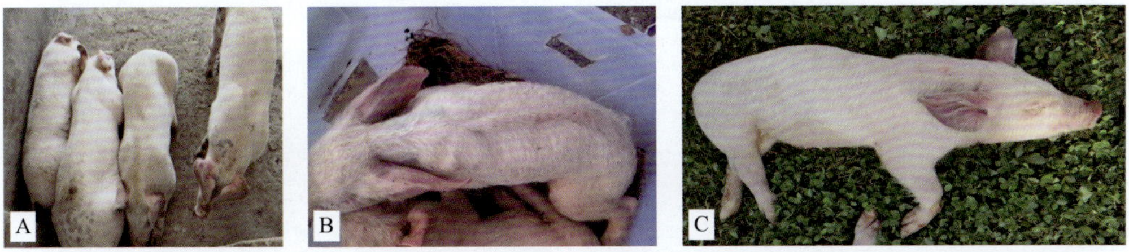

A、B. 发病仔猪低热，消瘦；A、C. 耳廓及背部、臀部、腹侧局部及四肢出血、发绀，仔猪多伴有咳喘等呼吸道症状

图5-10　猪繁殖与呼吸综合征症状

4. 育肥猪

PRRSV对育肥猪的影响较其他阶段的猪只较轻微，主要表现为厌食、嗜睡、咳嗽、呼吸困难，有些猪双眼肿胀，出现结膜炎和腹泻。病猪常因继发感染放线杆菌、克雷伯菌、链球菌、大肠埃希菌、奇异变形杆菌、猪肺炎支原体等病原体而致死，如果不发生继发感染，生长肥育猪可以耐过康复。

三、病理变化

病变表现为全身性病理变化，呼吸道和肺部的病理损伤较为严重，主要为间质性肺炎（图5-11D）。病猪还可出现非化脓性脑炎，脾脏肿大，全身淋巴结充血、肿胀，颌下淋巴结、腹股沟淋巴结、肠系膜淋巴结等明显肿大，切面可见到坏死灶。有时肾脏呈土黄色，表面可见针尖至小米粒大的出血点，皮下、扁桃体、心脏、膀胱、肝脏和肠道均可见出血点和出血斑。中后期由于继发猪瘟、猪圆环病毒2型、伪狂犬病毒及猪肺炎支原体、副猪嗜血杆菌、放线杆菌、链球菌、肺炎克雷伯菌、大肠埃希菌等病原，呈现出相应的病理变化（图5-11）。

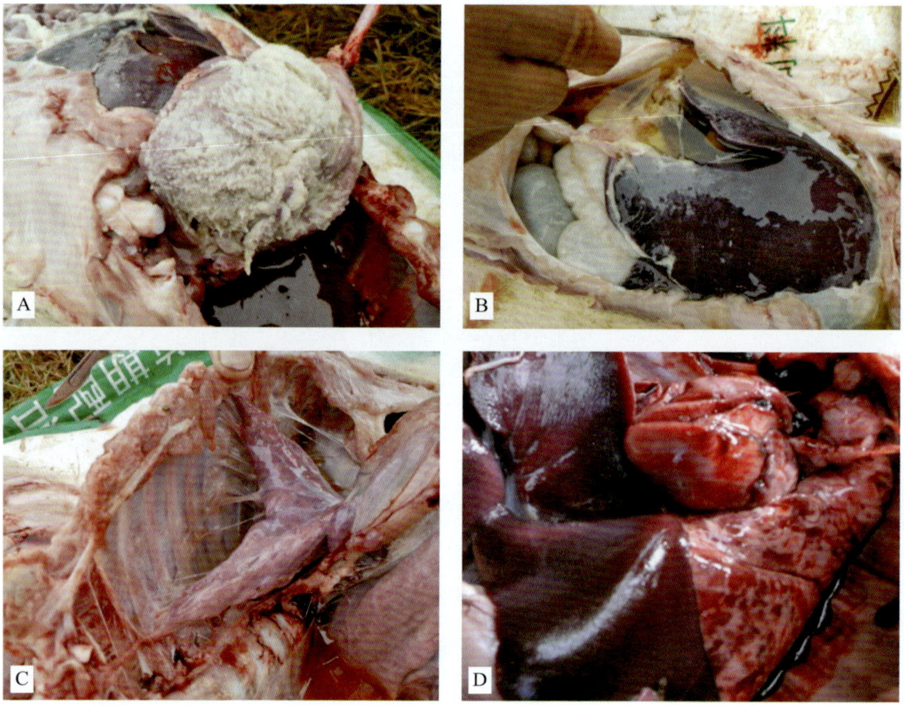

A、B. 大量纤维素性渗出附着于心脏、肝、脾、胃肠道及大网膜；B. 常见心包、胸腔或腹腔积液；C. 常继发细菌感染导致肺脏出血，肺脏、心包及胸膜黏连；D.肺脏病理变化以间质性肺炎为主

图5-11　猪繁殖与呼吸综合征内脏器官变化

四、诊断

根据该病的临床症状及病理变化可做出初步诊断，但要注意与症状相似的一些病毒性传染病相鉴别，如猪流感、非洲猪瘟、猪瘟等。确诊猪繁殖与呼吸综合征，必须进行实验室诊断。可运用血清学和分子生物学检测技术进行诊断，ELISA是一般常用的血清学检测方法，RT-PCR、RT-qPCR是常用的分子生物学检测方法。

五、防治

1. 治疗

猪繁殖与呼吸综合征尚无特效药，在治疗过程中，一般进行对症治疗，从解热镇痛、抑毒杀菌、防止继发感染、提高机体免疫力等方面入手。科学使用生物制剂、中药、西药等，合理使用抗生素，在协同作用过程中综合治疗病猪。

2. 预防

开展猪繁殖与呼吸综合征的净化是原种猪场及种猪场的最佳选择，只有实现了该病的净化，生猪养殖才能最终摆脱猪繁殖与呼吸综合征的困扰。通过猪群的血清学监测，虽然猪繁殖与呼吸综合征抗体呈阳性，但只要临床不发病，可以考虑不免疫弱毒活疫苗，即使猪群临床发病，也可通过中西药物联合进行治疗，只要能有效控制继发感染的前提下，也可暂缓免疫弱毒活疫苗，毕竟免疫疫苗也是引入一种外源PRRS毒株。同一猪群内引入过多不同类型的PRRS毒株后，即为新型变异毒株的出现创造了有利条件，更易加速毒株的基因重组及流行毒株的变异。在PRRS频繁发生，以及药物治疗控制不理想的前提下，可考虑免疫高致病性PRRS弱毒活疫苗。建议猪场定期监测疫苗免疫后的抗体消长规律，制定科学合理的免疫程序。

引种前要严格检疫隔离，做好引种的检疫检验工作，杜绝带毒猪混入，引入新的毒株。保证猪舍环境卫生清洁，既干燥、通风又能防寒、保暖，勤打扫、勤消毒，防止大量病原微生物滋生，为母猪、仔猪等营造良好的生长环境。养殖户还要注重科学饲养，保证猪只营养全面，增强猪只免疫力。

第四节 猪 瘟

古典猪瘟（Classical swine fever，CSF）又称猪瘟，是猪的一种接触传染性病毒病。其病原属于黄病毒科瘟病毒属，与牛病毒性腹泻和边界病病毒抗原关系密切。猪瘟病毒（CSFV）只有一个血清型。猪瘟有急性、亚急性、慢性、迟发型或无临床症状型，这主要取决于病毒和宿主因素，其中猪只年龄、病毒毒力、感染时期（产前或产后）等因素最为重要。与青年猪相比，成年猪症状轻，且存活概率高。病毒能穿过怀孕母猪的胎盘屏障感染胎儿，胎儿感染中等毒力或低毒力毒株后，可导致“带毒母猪”综合征，出现产前死胎、产后早死、产病弱仔猪或表面健康的带毒仔猪。CSF临床表现多样，且临床、病理变化与非洲猪瘟等诸多传染病高度相似，因此单纯依据临床和病理学检测难以鉴别，必须依赖实验室检测方法进行确诊。

一、病原

CSFV隶属于黄病毒科瘟病毒属，为有囊膜的单股正链RNA病毒。目前认为猪瘟病毒只有1个血清型，但致病力有强弱之分，温和毒株产生亚急性或慢性感染，慢性呈纤维素性坏死性肠炎，后期常有细菌病继发，而强毒株则引起发病率和致死率较高的急性猪瘟，急性通常呈败血性变化，实质器官出血、坏死和梗死。该病毒对外界环境的抵抗力较强，既能在冷冻条件下存活，也能在烟熏烤晒等加工肉品中存活。该病毒不耐热，仅部分毒株可抵抗56℃温度；pH<3或pH>11可灭活；对乙醚、氯仿、β-丙烯内酯敏感；能被2%氢氧化钠、1%福尔马林、碳酸钠（4%无水碳酸钠及10%结晶硫酸钠+0.1%去污剂）、离子和无离子去污剂、含1%碘伏的磷酸灭活。

二、临床症状

1. 最急性型和急性型

最急性型通常在发病和流行初期容易发生，病猪不具有明显的发病症状，大部分突然死亡。急性型普遍多发，病猪典型症状是精神沉郁，发热，体温升高达到40～42℃，怕冷、寒颤、嗜睡，往往卧地，增加饮水。有些发生呕吐，结膜发炎，眼睑被脓性分泌物粘住。感染早期通常会发生便秘，排出附着有大量白色肠黏液的粪便。随着症状的加剧，后期发生水样腹泻，排出混杂黏液或者血丝的粪便，且散发腥臭味。另外，病猪耳后根、鼻端、四肢内侧以及肛门等部位的皮肤存在针眼大小的出血点（图5-12），用手指按压不会发生褪色。腹股沟淋巴处发生肿大。仔猪感染该病后，还会表现出典型的神经症状，如磨牙、侧卧、转圈、后退、四肢游泳状划动，严重时甚至陷入昏迷，且容易继发细菌感染，往往会呈现坏死性肠炎、肺炎等症状。

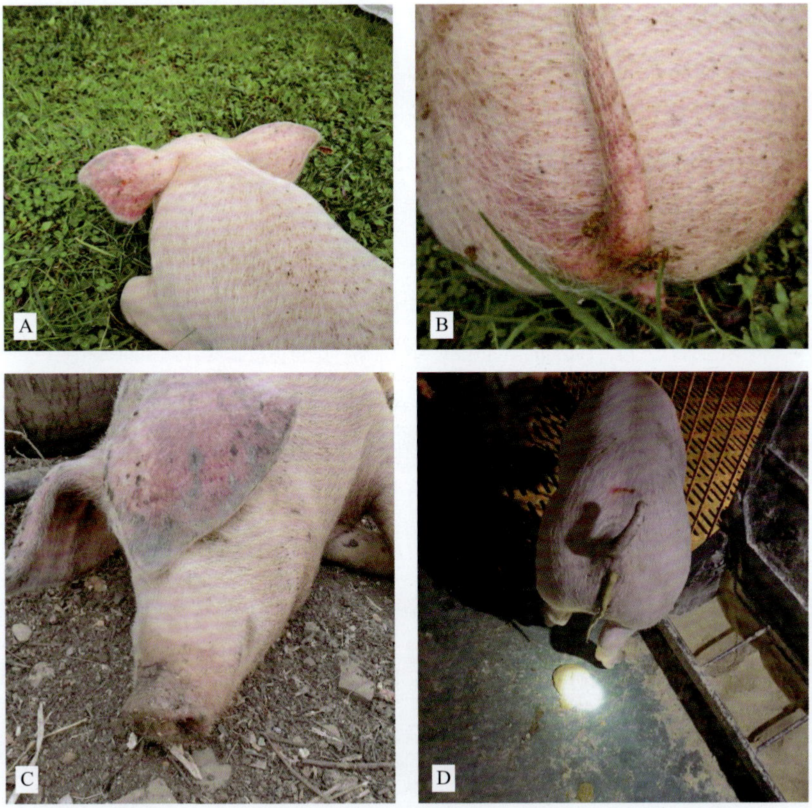

A ~ C. 发病猪只耳尖、尾尖、四肢、脐部及会阴部常见发绀、出血或坏死，部分猪只下颌部、腹侧及臀部皮肤也可出现局部或大面积发绀、出血现象；D. 部分猪只出现腹泻或便秘和腹泻交替

图5-12　猪瘟发病猪只临床表现

2. 慢性型

该类型通常是由急性型转化而来。病猪的典型症状是体温不稳定，忽低忽高，大部分呈弛张热型，停止采食，交替发生便秘与腹泻，机体日渐消瘦，被毛杂乱，贫血，行走困难，摇摆不定。少数病猪的耳尖、四肢下部以及尾端等处呈蓝紫色或者发生坏死，最终发生脱落。病程至少能够持续30天，大部分由于衰竭而发生死亡。但病死率较低，通常较难康复，最终变成僵猪。

3. 温和型

通常是断奶后仔猪及育肥猪容易发生，病猪不会表现出明显的症状，比较轻微。病程持续时间较长，病情缓和，皮肤不存在出血点，但形成淤血和发生坏死，食欲减退，排出的粪便干稀不定，具有较高的病死率。即使病猪能够耐过，也会影响生长发育，尤其是母猪耐过后可长时间带毒作为传染源，且受胎率下降，出现流产、死胎、畸形胎或者木乃伊胎；所产后代仔猪会呈现先天感染，生产出弱仔或者发生死亡。

三、病理变化

猪瘟病毒主要损伤小血管内皮组织，引起各器官组织出血，在皮肤、浆膜、黏膜、淋巴结、肾、膀胱、胆囊等处常有不同程度的出血变化，一般呈斑点状，有的出血点少而散在，有的星罗密布，以肾和淋巴结出血最为常见（图5-13）。淋巴结的变化有一定特征，外表肿大，呈暗红色，切面呈弥漫性出血或周边性出血，呈红白相间的大理石样（图5-13C），多见于腹腔内淋巴结和颌下淋巴结。肾脏颜色变淡，表层有圆形针尖状出血点（图5-13F），切开

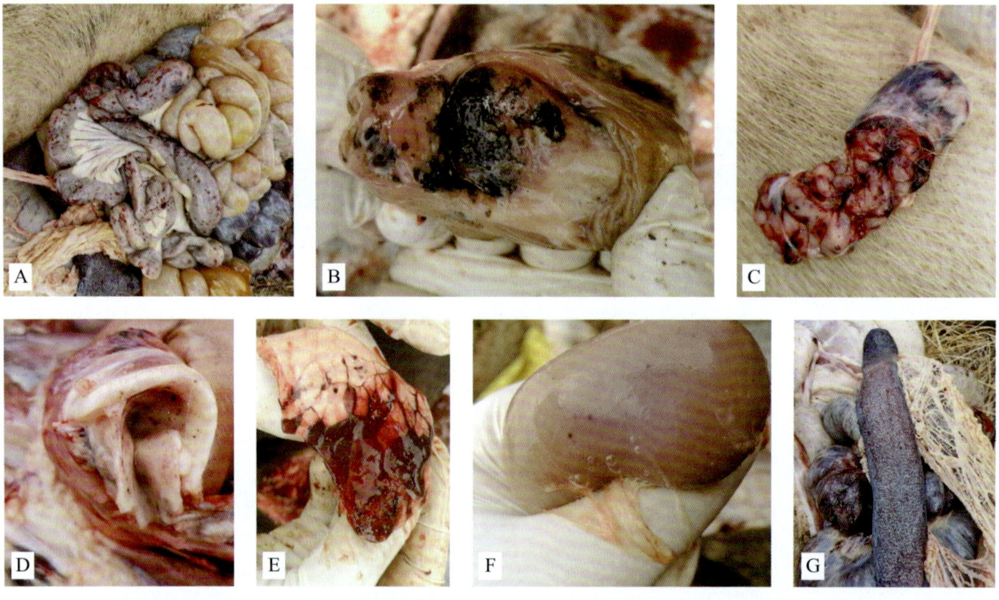

A. 胃肠道浆膜面可见大小不一且不规则的出血斑点或弥漫性出血；B. 回盲瓣黏膜面可见坏死、溃疡病灶，有时整个胃肠道黏膜面均可见黏膜脱落，坏死、溃疡病灶；C. 淋巴结肿大、出血，呈大理石样；D. 有时会厌软骨可见出血斑点；E. 由于继发感染常伴有肺炎，可见肺脏局部或双肺肿大、出血；F. 肾脏可见针尖状出血点；G. 脾部肿大，脾头及边缘有暗紫色出血性梗死灶

图5-13　猪瘟病死猪常见典型病理变化

肾脏可见皮质、髓质、肾盂部有出血。脾部肿大，脾头及边缘有暗紫色突出表面大小不一的、几个至十几个出血性梗死灶，这是猪瘟特征性病变（图5-13G）。有时会厌软骨可出现点状出血点（图5-13D）。肺脏通常伴发大叶性肺炎（图5-13E）。剪开肠管，在盲、结肠黏膜部位（回盲瓣）可见到一个一个的纽扣状溃疡（图5-13B），若有沙门菌继发感染，则在轮层状溃疡的基础上，又有弥漫性坏死性肠炎的变化。

四、诊断

通过流行病学、临床诊断和对病理变化的观察，可以初步做出判断，但若想快速确诊，仍然需要借助实验室诊断。一般病原学检测常用AC-ELISA和RT-PCR、RT-qPCR等，血清学检测常用ELISA方法。

五、防治

高免血清对于发病猪的治疗是特效的，在无法获得高免血清的情况下，在猪瘟发病早期阶段可采用猪瘟弱毒活疫苗（脾淋组织苗或细胞苗）5～10份/头对发病猪群及同群饲养、假定健康猪只进行紧急免疫，除此之外可利用中西医结合对症治疗，合理使用抗生素，防止继发感染，还可使用维生素类制剂辅助治疗。

为了避免猪瘟的发生，必须采用猪瘟弱毒活疫苗（C株）进行免疫预防。在有条件的情况下，建议采集不同阶段猪只血清样品开展猪瘟抗体水平的检测、评估，制定科学合理的免疫程序。同时，定期的抗体监测、评估也能对所用猪瘟疫苗的免疫效果进行评估，进而能从市场上筛选出有效的猪瘟疫苗产品，实现对猪瘟的有效防控。

在实施猪瘟净化的猪场或区域，一旦发现疫情，应立即对病死猪及同群饲养猪只进行无害化处理，同时对猪舍、粪尿、过道、用具、运输车辆、人员等严格清洗消毒。

第五节 伪狂犬病

伪狂犬病（Pseudorabies）亦称奥耶兹基氏病，是由猪疱疹病毒1型引起的一种传染病，该病毒为疱疹病毒科、α疱疹病毒亚科成员之一。该病毒感染人和无尾猿以外的大多数哺乳动物（如犬、猫、猪、牛、羊、马、兔、鼠、狐、貂等），主要感染中枢神经系统和其他组织如呼吸道。伪狂犬病病毒主要感染其自然宿主猪，且病猪康复后仍有潜伏感染（2周龄以下仔猪例外，多死于脑炎）。猪还是有效感染后唯一可康复的动物，并由此成为该病毒的贮存宿主。该病的控制措施主要是隔离感染猪群、疫苗接种和/或淘汰隐性感染猪只。

猪伪狂犬病临床症状的严重程度取决于猪的年龄、感染途径、毒株毒力以及被感染动物的免疫状态。2周龄以内的仔猪对伪狂犬病病毒高度易感，病死率可高达100%。发病仔猪表现高热和严重的神经功能障碍：躯体震颤、平衡异常、共济失调、眼球震颤、角弓反张、严重的癫痫样痉挛。2月龄以上猪（生长育肥猪）感染伪狂犬病后以呼吸道症状为主，表现为高热、厌食和轻重不等的呼吸道症状，继发细菌性感染的发生率较高，主要与感染猪群的健康状态有关。此类猪群的死亡率也可达100%，但如无并发、继发感染，病死率常为1%～2%（Pejsak and Truszczynski，2006）。种猪主要表现为呼吸道症状，但怀孕母猪感染后，病毒可突破胎盘屏障感染胎儿，导致流产、死胎、恢复发情或产弱仔。伪狂犬病对于其他易感动物是致死性的，主要症状表现为强烈瘙痒，以致动物反复抓、咬、挠或摩擦身体某些部位，产生严重的组织破损。因此，本病过去叫作“疯痒病”。

该病可通过限制感染畜群流动、疫苗免疫和淘汰潜伏感染动物而得到控制（Pejsak and Truszczynski，2006）。该病在伪狂犬病无疫国家或地区发生时，如果感染农场较小或对邻近农场造成严重威胁时，部分国家通常采取扑杀措施。

一、病原

伪狂犬病毒（*Pseudorabies virus*，PRV）属于疱疹病毒科、猪疱疹病毒属，为有囊膜和纤突的双股DNA病毒。伪狂犬病毒是疱疹病毒科中抵抗力较强的一种，病毒能在具有严重污染情况的猪舍中生存30天以上，在已死亡猪肉中存活35天以上。在37℃下的半衰期为7 h，8℃可存活46天，而在25℃干草、树枝、食物上可存活10～30天，但短期保存病毒时，4℃较-15℃和-20℃冻结保存更好。病毒在pH4～9保持稳定。5%石炭酸经2 min灭活，但0.5%石炭酸处理32天后仍具有感染性。0.5%～1%氢氧化钠迅速使其灭活。对乙醚、氯仿等脂溶剂以及福尔马林和紫外线照射敏感。采用氢氧化钠溶液或0.1%升汞，也能较好地杀灭猪伪狂犬病毒。这种病毒能在多种动物胚胎上进行生殖和繁衍，并且能通过胚胎进行传播。病毒主要集中在动物的脑髓组织中。患病猪在发病时，病毒会通过唾液、乳汁、阴道分泌物、血液等传播，在病猪的身体器官中也有大量病毒。

我国近年来不断有经伪狂犬基因缺失疫苗免疫猪群暴发仔猪、架子猪伪狂犬病及母猪流产的案例报道，相关研究结果也提示近年来的伪狂犬流行毒株存在较大变异，因此，亟待研发与流行毒株匹配度更高的疫苗产品。

二、临床症状

伪狂犬病毒的临床表现主要取决于感染病毒的毒力和感染量，以及感染猪的年龄。其中，感染猪的年龄是最主要的。与其他动物的疱疹病毒一样，幼龄猪感染伪狂犬病毒后病情最重。

1. 新生仔猪

新生仔猪常突然发病，高热，体温可达41℃以上，精神沉郁，食欲降低。部分仔猪会出现叫声嘶哑伴随流涎的状态，其眼睑和口角可见水肿。有的发生呕吐、腹泻，短时间内出现共济失调、抽搐等明显的神经症状，如全身肌肉震颤、感觉异常、盲目走动、圆圈运动、犬坐姿势等。初期以神经紊乱为主，后期以麻痹为主。日龄小的可出现全窝死亡，如果是妊娠后期经母猪感染的，产出的弱仔可在1～2天内死亡。

2. 断奶仔猪

发病症状与哺乳仔猪相似，但神经症状减轻，死亡率降低，可出现打喷嚏、呼吸困难、咳嗽等呼吸系统症状。不出现神经症状的猪可耐过，有的偏瘫、发育受阻。

3. 生长育肥猪

多表现为隐性感染，若有症状也比较轻微，易于恢复，常表现为发热，精神沉郁、食欲不振、咳嗽等呼吸症状，通常情况下，4～8天可以康复。有的病猪可出现震颤、抽搐、共济失调、间歇性发作等神经症状。当成年猪感染猪伪狂犬病后可继发多种细菌性疾病，增加猪只的死亡率。

4. 种公猪和种母猪

感染后多出现呼吸系统和神经系统症状，死亡率较低。伪狂犬病的一大显著症状就是不孕症，母猪出现屡配不孕、返情率可高达90%的繁殖障碍，公猪生殖器官萎缩变形，可出现睾丸肿胀、萎缩，丧失生殖能力。

5. 妊娠母猪

感染后可出现流产、产死胎、木乃伊胎、弱仔，以死胎为主。产出的弱仔，一般1～2天出现呕吐、腹泻，共济失调、肌肉痉挛、角弓反张等神经症状（图5-14），多数在1～2天内死亡。无论是头胎母猪还是经产母猪都发病，而且没有严格的季节性，但以寒冷季节即冬末春初多发。

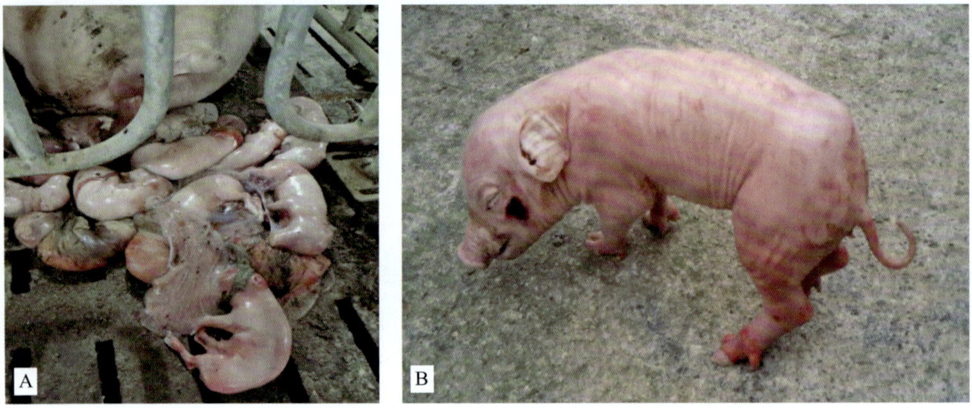

A. 母猪流产；B. 产弱仔，出生弱仔猪站立不稳、颤抖或共济失调

图5-14　伪狂犬病对猪只的影响

三、病理变化

病死猪可见肾脏有针尖大小出血点，扁桃体、肝脏和脾脏可见散在分布的白色坏死点。肺部出现严重的水肿、出血、充血，肺脏表面可见出血点、小叶性间质性肺炎，肺间质增宽，切面流出泡沫样液体，胃黏膜潮红、有出血点，黏液增多，可见不同程度的卡他性胃炎和肠炎。表现神经症状的病死猪剖检还可见脑膜明显充血、出血，脑脊液增多。因感染伪狂犬病毒而导致流产的胎儿可见脑和臀部皮肤有出血点，肾脏、心内外膜、心肌明显出血，肝脏和脾脏可见灰白色坏死灶。子宫内感染后可发展为溶解坏死性胎盘炎（图5-15）。

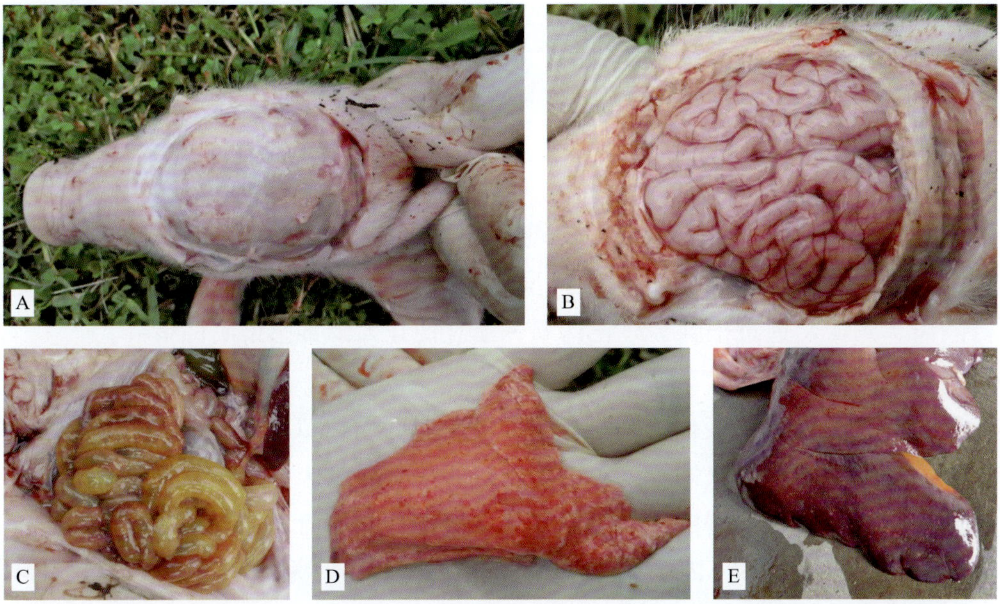

A. 弱仔猪颅脑皮下可见出血斑块；B. 大脑组织水肿，充血、出血；C. 肠黏膜充血出血，黏膜脱落，肠壁菲薄，肠内容物呈液状并伴有鼓气；D. 肺脏肉变，肺小叶界限模糊，肺脏局部充血、出血；E. 极少数发病仔猪肝脏表面可见粟粒状白色坏死灶

图5-15　伪狂犬病猪只的病理变化

四、诊断

根据疾病的临床症状，结合流行病学，可做出初步诊断，确诊必须进行实验室检查。诊断该病的实验室方法有动物试验、直接免疫荧光抗体试验、PCR、qPCR及微量病毒中和试验等，但最常用的还是PCR及qPCR。另外，根据伪狂犬基因缺失疫苗免疫接种动物后不产生针对缺失的*gE*基因糖蛋白的抗体，而自然流行毒株感染后出现gE抗体。因此，凡是免疫了伪狂犬基因缺失疫苗的猪群，均可通过商品化的伪狂犬gE抗体ELISA检测试剂盒来进行野毒感染和疫苗免疫的鉴别。

五、防治

1. 治疗

针对该病无有效治疗药物，一般仅做对症治疗，紧急情况下可用高免血清降低死亡率，加强日常饲养管理，制定免疫计划，进行免疫接种可有效预防和控制该病。

2. 预防

（1）加强饲养管理。

保持饲养环境的清洁卫生，制定严格的消毒制度。做好灭鼠工作，牛、羊、猪等动物分开饲养。定期对猪群进行血清学监测，检出gE抗体阳性者进行隔离、淘汰，通过根除、净化计划，建立伪狂犬野毒感染阴性猪群。

（2）免疫接种。

目前，用于免疫接种的疫苗有弱毒苗、弱毒灭活苗、野毒灭活苗和基因缺失疫苗。其中，基因缺失疫苗较为常用，有单基因缺失疫苗、双基因缺失疫苗和三基因缺失疫苗。猪群存在伪狂犬野毒感染且临床有发病的猪场，免疫程序一般是仔猪出生后24 h内滴鼻免疫0.5～1头份，7日龄免疫1头份，21日龄免疫1头份，80～90日龄再加强免疫一次。猪群存在伪狂犬野毒感染但临床无发病的猪场，免疫程序一般是仔猪出生后24 h内滴鼻免疫0.5～1头份，21日龄免疫1头份，80～90日龄再加强免疫一次。伪狂犬野毒感染阴性场一般仔猪28～35日龄免疫1头份，65～70日龄再加强免疫一次，直到出栏。如果伪狂犬病危害严重，且临床频频出现仔猪、架子猪发病和妊娠母猪流产的情况，建议对疫苗免疫剂量加倍。

第六节 猪流行性腹泻

一、病原

猪流行腹泻病毒（*Swine epidemic diarrhea virus*，PEDV）隶属冠状病毒科冠状病毒属，为有囊膜和纤突的单股正链RNA病毒，只有一个血清型，不能凝集红细胞。此病毒对外界的抵抗力弱，紫外线照射6 h可杀灭病毒，在50℃条件下相对稳定，而在60℃下30 min可丧失感染力。室温下病毒能在干燥的饲料中生存7天，在受潮的饲料中能存活28天。低温下的病毒对酸性环境具有一定的耐受力，4℃时病毒能在pH4～9环境中稳定存在。病毒致病性强，

1 000个病毒粒子即可使猪发病。病毒对多种消毒剂敏感，如干粉消毒剂、碘制剂、季氨类消毒剂和过氧化物消毒剂等。

二、临床症状

潜伏期一般为5～8天，症状的轻重随年龄的大小而有差异，年龄越小，症状越重。主要的临床症状为水样腹泻，或伴有呕吐，呕吐多发生于吃食或吃奶后。一周龄内新生仔猪发生腹泻后3～4天，呈现严重脱水而死亡，死亡率可达50%，最高的死亡率达100%（图5-16）。病猪体温正常或稍高，精神沉郁，食欲减退或废绝。断乳仔猪、母猪常呈精神委顿、厌食和持续性腹泻大约一周，并逐渐恢复正常，少数猪恢复后生长发育不良（图5-17）。肥育猪在同圈饲养感染后都发生腹泻，一周后康复，死亡率不高。成年猪症状较轻，有的仅表现呕吐，重者水样腹泻3～4天可自愈。

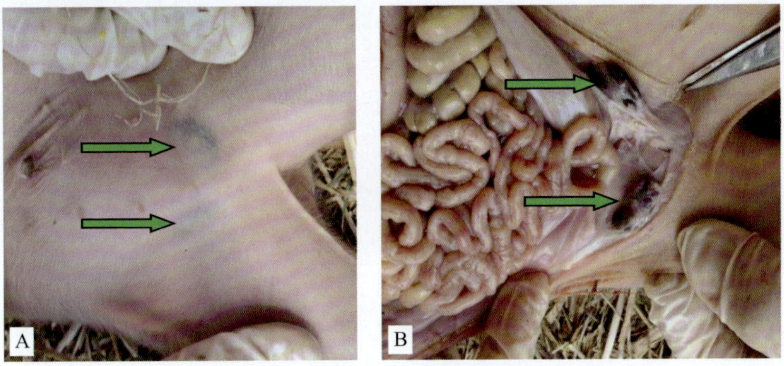

A. 解剖前；B. 解剖后

图5-16　腹泻哺乳仔猪常见腹股沟淋巴结肿大、出血

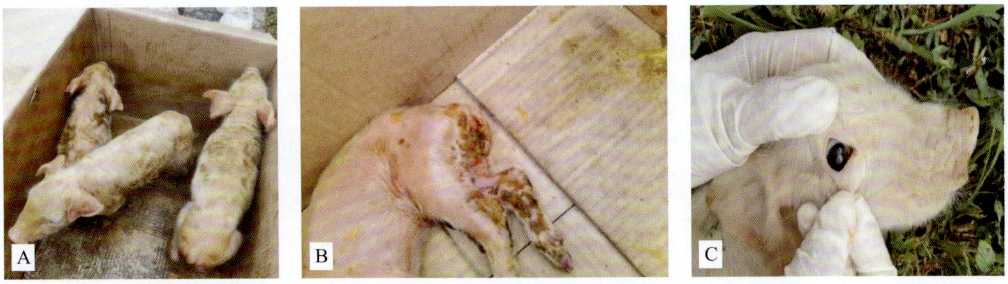

A. 周身均被腹泻粪便污染；B. 肛门及会阴部被粪便污染；C. 消瘦、脱水严重

图5-17　腹泻哺乳仔猪症状

三、病理变化

眼观变化仅限于小肠，小肠扩张，内充满黄色液体，肠系膜充血，肠系膜淋巴结水肿，小肠绒毛缩短。组织学变化可见空肠段上皮细胞的空泡形成和表皮脱落，肠绒毛显著萎缩（图5-18）。

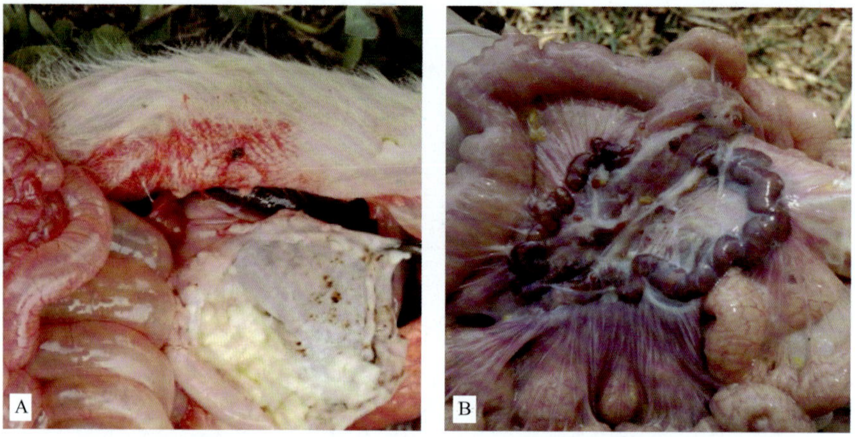

A. 胃肠道黏膜脱落、充出血，胃内可见大量消化不良的凝乳块，肠壁菲薄；
B. 内含液状内容物，部分肠段鼓气，肠系膜淋巴结肿大、出血

图5-18　部分腹泻严重的哺乳仔猪胃肠道组织变化

四、诊断

本病在流行病学和临床症状方面与猪传染性胃肠炎无显著差别，只是病死率比猪传染性胃肠炎稍低，在猪群中传播的速度也较缓慢些。所以进一步确诊需依靠实验室诊断。

猪流行性腹泻病的实验室诊断方法主要有三种，分别是病原学诊断、血清学诊断和分子生物学诊断。实验室最为常用的检测方法是聚合酶链式反应（RT-PCR）诊断技术和酶联免疫吸附试验（ELISA），这两种检测方法具有快速、准确、方便、特异性强的优点，经常被用来检测猪流行性腹泻。

五、防治

1. 治疗

该病无特效药，主要的治疗方法是对症支持疗法以减轻病猪腹泻、脱水情

况为主，控制继发感染为辅。常用口服补液盐、多维及碳酸氢钠来缓解和改善病猪脱水以及酸中毒的情况，也可以采用中药对病猪进行治疗，主要采用清热解毒、化湿止痢以及健脾消食功能的中药，临床上常见的治疗方法为杨树花口服液灌服、苍术香连散加减治疗、白头翁散加减治疗等。

2. 预防

商品化的猪流行性腹泻疫苗类型常见的有猪传染性胃肠炎-猪流行性腹泻二联弱毒活疫苗，猪传染性胃肠炎-猪流行性腹泻-猪轮状病毒A群三联弱毒活疫苗，猪传染性胃肠炎-猪流行性腹泻二联灭活疫苗，猪传染性胃肠炎-猪流行性腹泻-猪轮状病毒A群三联灭活疫苗主等，一般免疫保护期为3～6个月。通常妊娠母猪产前40天、20天分别免疫2次。如果弱毒活疫苗和灭活疫苗交叉免疫时，必须先免疫弱毒活疫苗后，间隔15～20天后再免疫灭活疫苗，不能先免疫灭活疫苗后再免疫弱毒活疫苗，否则先前免疫的灭活疫苗所产生的抗体极易中和二次加强免疫的弱毒活疫苗病毒，从而导致二次免疫反应失败。此外，加强日常的饲养管理，提高猪只免疫力，严格做好生物安全工作，定期对猪场进行彻底的消毒和隔离，控制猪场的通风、保暖及温湿度，为猪只提供良好的生长环境也很重要。特别是妊娠后期母猪上产床前，均应对产房、产床及母猪进行彻底的清洗和消毒。

3. 返饲

虽然当前市场上可提供多种疫苗类型，但生产实际中这些疫苗的保护效率并不十分理想。经过疫苗免疫过的猪群比未免疫猪群的发病率及发病严重程度要低一些。特别是一些经过疫苗免疫后仍然不能控制猪流行性腹泻发生的猪场，可考虑进行返饲。即尽可能采集早期发病的哺乳仔猪的腹泻粪便、肠道及肠道内容物，经匀浆离心或过滤后取上清液，加入适量抗生素后，喷鼻主动感染未分娩妊娠母猪，或者同时投喂腹泻哺乳仔猪粪便及肠道组织、肠道内容物等，让妊娠母猪（100日龄以上）获得主动感染从而产生大量的sIgA抗体，使新生仔猪通过吮乳获得被动免疫。

4. 剔除发病猪群，强化生物安全措施

在临床治疗、疫苗免疫及返饲均告失败的情况下，可采取清除发病、带毒母猪及仔猪的极端措施来进行防控，并加强饲养环境、人员、用具及物资的清洗、消毒措施，以及积极杀灭蚊蝇、蟑螂、鼠类等提升养殖场生物安全防范级别来应对。

第七节 猪传染性胃肠炎

一、病原

猪传染性胃肠炎病毒（*Transmissible gastroenteritis virus*，TGEV）属于冠状科单股RNA病毒，这一疾病发生十分迅速并具有较强的传染性，传播面积十分广泛，一旦发生很容易造成大规模传播。疾病中所含的病毒，属于滤过性病毒，且病毒的位置主要分布于猪的胃以及大肠黏膜和食道等部位，且病毒能够跟随猪的粪便被猪排出体外。同时，猪传染性胃肠炎疾病的传染性只针对同类，对其他类型的动物感染力相对较小。

该病毒不耐热，加热65℃ 10 min或56℃ 45 min即全部灭活。粪尿中病毒粒子在5℃下存放8周、20℃下2周以及35℃下24 h仍具有感染性。病毒在光、紫外线照射下迅速灭活，对乙醚、氯仿和去氧胆酸钠敏感，而在胆汁中相当稳定。用0.05%甲醛溶液37℃处理20 min即能使病毒灭活。病毒在pH4～8时稳定，对胰酶有抵抗力，能耐0.5%胰蛋白酶1 h，但强、弱毒株对胰酶和蛋白分解酶的敏感性不同，毒株的毒力越弱，其对胰酶的敏感性越高。TGEV的这些特性有利于自身抵抗胃肠的酸碱环境。

二、临床症状

典型症状是一开始短暂呕吐，继发频繁水样腹泻，呈喷射状。粪便颜色有黄色、绿色或白色，哺乳仔猪还常伴有未消化的凝乳块，气味恶臭。病猪极度口渴，明显脱水，日渐消瘦，日龄越小，病程越短，病死率越高，10日龄以内的仔猪大都于2～7天内死亡。如果母猪发病或泌乳量减少，小猪得不到足够的乳汁，营养严重失调，则会加剧病情。某些仔猪发病前先有短期体温升高，发生腹泻后体温下降，随着日龄的增长，幼猪病死率逐渐降低。

架子猪、育肥猪和成年猪症状较轻，主要表现为食欲不振或绝食，个别猪有呕吐，然后发生急性腹泻。排泄物灰色或褐色，夹杂未消化的饲料，体重迅速减轻。成年母猪泌乳减少或停止，7天左右腹泻停止而康复，极少死亡。某些泌乳母猪发病表现严重，体温升高，无乳，呕吐厌食或腹泻。大部分成年猪在患上传染性胃肠炎之后的5～7天之内能够自行治愈，死亡率并不是很高。

三、病理变化

死猪外观表现为严重脱水，主要病变在胃和小肠，胃内填充乳凝块，胃黏膜底部有充血、充血现象小肠内充满黄绿色或灰白色液状物，含有泡沫和未消化的凝乳块，小肠壁变薄，弹性降低，以致肠管扩张，呈半透明状，肠系膜血管充血扩张，淋巴结肿胀。组织学检查提示小肠绒毛萎缩变短，肠上皮变性，黏膜固有层有细胞浸润。

四、诊断

该病的流行病学和临床症状方面与猪流行性腹泻无显著差别，只是传播速度比较慢，无法通过临床症状、流行病学和病理变化进行确诊，必须借助于实验室检查方法才能确诊。目前，常用的实验室检测方法有RT-PCR、病毒分离鉴定、微量病毒中和试验、免疫荧光（FAT）、ELISA等。

五、防治

1. 治疗

刚发生猪传染性胃肠炎时，首先第一时间隔离病猪，并对猪圈进行彻底消毒灭菌处理，本病尚无特效治疗药物，主要以对症治疗为主，对症治疗要注意猪的年龄和身体状态以及染病轻易程度，使用生物药剂对病猪进行治疗，及时补液，防止酸中毒，合理使用抗生素，防止继发感染，注射健康猪血清，口服联合外用，3天内就能够起效。还可使用中药治疗，配合营养补剂辅助治疗。

2. 预防

我国大规模生猪养殖最常用的疫苗是猪传染性胃肠炎-猪流行性腹泻二联灭活苗，秋季防疫阶段妊娠母猪接受免疫接种，14天后就可形成免疫能力，有效免疫期6个月，仔猪通过哺乳可获得被动免疫，断奶7天后消失，必要时可以使用弱毒疫苗对母猪、仔猪进行接种免疫。保证仔猪吮吸初乳是预防猪传染性胃肠炎的第一步，猪成长过程中，还要向饲料中适当添加预防药物，增强猪免疫力，提高对病毒的抵御能力。猪传染性胃肠炎发病一般和环境有关，为仔猪创造良好的生活环境和建立并执行经常性的消毒制度，可有效防止猪传染性胃肠炎的发生。母猪舍在冬季和早春季节还要采取保暖措施，防止仔猪因受凉而诱发本病。

第八节 猪圆环病毒病

一、病原

猪圆环病毒（*Porcine circovirus*，PCV）属圆环病毒科圆环病毒属，为环状单股DNA病毒，无囊膜。猪圆环病毒是迄今发现的一种最小的动物病毒。现已知PCV有3个血清型，即PCV1、PCV2和PCV3。PCV1为非致病性的病毒，PCV2为致病性的病毒，它是断奶仔猪多系统衰竭综合征（PMWS）和猪皮炎与肾炎综合征（PDNS）的主要病原。PCV3是猪体内新鉴定的亚型，其临床表现和致病机制还不明确，其感染率和流行率增长速度较快，感染者只表现为生长发育不良，无其他明显临床症状。病毒耐酸，在pH值为3的环境下仍可存活，对乙醇、氯仿、碘和苯酚等脂溶性消毒剂有较强抵抗力，对此病毒消毒效果较好的消毒剂有0.3%的过氧乙酸溶液、3%的氢氧化钠溶液等。56℃不能将其灭活，70℃下15 min才可灭活该病毒。

二、临床症状

1. 断奶仔猪多系统衰竭综合征（PMWS）

该类型的疾病主要发生在早期断奶的仔猪，通常多在断奶后3～7天发病。发病猪主要表现为没有食欲，精神不好，逐渐消瘦，生长缓慢，贫血，咳嗽，严重的出现腹泻、胃溃疡等。临床上约有20%的病猪会出现黄疸和贫血的症状。发病率高达30%～60%，死亡率为5%～35%。对病死猪解剖发现，淋巴结肿大，尤其是胃、肠淋巴结较为突出。胃部有大片的溃疡，盲肠、结肠有充血、出血的现象。另外，还有的病猪继发感染胸膜炎、腹膜炎等。

2. 猪皮炎与肾炎综合征（PDNS）

PDNS最初被认为是一种免疫介质水疱性病，主要的病变发生在皮肤和肾脏，此病的发生和PCV2、PRRS（猪蓝耳病毒）有紧密的关系，或者两种病毒可以联合诱发PDNS。该病以8～18周龄的保育猪、育肥猪发病率较高，主要的症状是在后躯、四肢、腹部等部位的皮肤上出现圆形或不规则的隆起，周边为红色或紫色，中央为黑色，有的会融合成条状或者斑块状，还有的会延伸到胸部、耳部。发病率为14%左右，病死率为5%～14%。剖检典型的症状为肾脏肿大，表面有出血点。

3. 猪呼吸道疾病综合征（PRDC）

多发生于保育猪和育肥猪，典型症状为呼吸疾病综合征，如出现气喘、咳嗽、呼吸加快等，与其他的呼吸系统疾病的症状相似，PCV2常和猪肺炎支原体、猪流感病毒、多杀性巴氏杆菌等协同作用，单独感染发病的几率很少。在诊断时要注意，最好通过实验室检测进行确诊。

4. 母猪繁殖障碍

感染圆环病毒后，有的母猪会出现繁殖障碍，尤以初产母猪发病较多。发病猪会出现流产、产木乃伊胎、弱胎、死胎等。发病的母猪食欲不好，体温升高，经过治愈后的母猪受胎率降低、不孕症的发病率上升。断奶前仔猪的死亡率较高。

5. 传染性先天性震颤

哺乳仔猪感染各种疾病后常常出现先天性肌肉颤抖，肌肉颤抖程度存在较大差异性，整窝猪感染该种疾病的数量也存在较大差异。患病严重的哺乳仔猪，出生1周后因为全身肌肉震颤严重，不能正常进食，影响正常休息，由于吃乳量不足，导致身体逐渐消瘦，最终衰竭而死。耐过1周的哺乳仔猪通常能够成活，但成活哺乳仔猪生长发育受到严重影响，大部分成为僵猪。这部分猪对外界刺激十分敏感，突然的声响或者寒冷应激等因素，都会引起仔猪出现剧烈应激反应。

三、病理变化

猪圆环病毒病的主要病理变化为肾脏灰白色、水肿，脾脏轻度肿胀或萎缩，肝脏肿大、可出现中等程度的黄疸，回肠和结肠段肠壁变薄，肺脏肿胀，质度坚硬或似橡皮，其上散在有大小不等的紫褐色实变区，全身淋巴结，特别是颌下、腹股沟、纵隔、肺门和肠系膜淋巴结显著肿大，切面为灰黄色，有的可见出血。猪皮炎和肾病综合征（PDNS）猪只都表现为肾脏肿大且有斑点。此外，圆环病毒通常与副猪嗜血杆菌混合感染，临床解剖中常见有胸膜炎、胸壁粘连、纤维素性渗出、肺脏出血、脓肿、心包炎、心包液增多、腹膜炎、腹腔纤维素渗出、关节炎等。

四、诊断

本病的诊断必须将临床症状、病理变化和实验室的病原或抗体检测相结合才能得到可靠的结论。比如免疫过氧化物单层实验、ELISA方法、聚合酶链式反应（PCR）方法等，便于实验室及临床诊治的快速确诊。

五、防治

1. 治疗

猪群中如有发病，可以先用猪圆环病毒灭活疫苗进行紧急接种，整个猪群用黄芪多糖、扶正解毒散等药物拌料。对于有明显症状的进行对症治疗、止泻、缓解呼吸症状、防止继发感染等。

2. 预防

（1）科学免疫。

给仔猪注射猪圆环病毒2型疫苗可有效预防猪圆环病，但为了降低饲养成本，并且减少对仔猪的免疫应激，具体可根据饲养场实际情况来制定合理的免疫程度。比如，感染压力较大的饲养场，可分两次进行免疫，第一次可在14～21天进行，间隔2～3周进行二次免疫。另外，除了对经产母猪、公猪进行2～3次/年的普免外，还可以在产前对母猪进行免疫，帮助仔猪获得母源抗体的保护，减轻仔猪感染压力。

（2）加强日常饲养管理。

充足的营养供给、严格的消毒灭菌及干净卫生的环境，都对生猪的生长性能及免疫力有显著影响。给予猪适宜的生存环境，温度、湿度、饲养密度等都要适宜，同时还要做好消毒工作，确保养殖场清洁、干净，同时做好生物安全防护措施，严防外来病菌的侵入。做好保健，提高猪群的免疫力。做好其他疾病的防控，减少刺激猪只的应激源。做好猪群净化工作，定期对猪群进行圆环病毒病的抗体监测，可根据不同类型的猪群进行不同的抗体监测次数，连续2次监测结果呈阳性，要坚决淘汰，以达到净化猪群的目的。

第九节 猪丹毒

一、病原

猪丹毒的病原为猪红斑丹毒丝菌（*Erysipelothrix rhusiopathiae*），其为一种平直或微弯纤细革兰氏阳性小杆菌，具有明显的形成长丝的倾向，大小为（0.2～0.4）μm×（0.8～2.5）μm。其特点是不移动、非抗酸、不形成芽孢。猪丹毒杆菌共分成25种血清型，A型毒和B型毒是我国现在流行的主要血清型。其中A型毒具有非常强的毒力，能够引起急性败血型猪丹毒，使病猪发生急性败血症而死；B型毒具有相对较弱的毒力，且具有较好的抗原性，往往是引起一些关节炎型或者疹块型猪丹毒，具有较小的危害。

猪红斑丹毒丝菌对环境的抵抗力较大，能够在病料组织中长期存在，甚至深埋的猪在200多天后仍然可以分离到病原。本菌对盐腌、火熏、干燥、腐败和日光等自然环境的抵抗力较强。使用一般消毒药，如2%福尔马林、1%漂白粉、1%氢氧化钠或5%碳酸即可将其杀灭。猪红斑丹毒丝菌对热较为敏感，在较高的温度下迅速死亡，在70℃的环境中5 min就可以将其杀灭。对酸性环境耐受，猪的胃液不能将其杀死。因此，其可以通过胃进而在肠道内形成感染。

二、临床症状

1. 败血症型

败血症型常突然发病，病死率高。临床表现主要有高热稽留、厌食、呕吐和行走困难等，皮肤出现潮红、发绀或规则不一的大小红斑，压之褪色，之后随病程进一步发展而转暗变紫（图5-19）。在猪只下颌部、腹部、耳根、大腿尤为明显，病症严重的会造成皮肤坏死或脱皮。

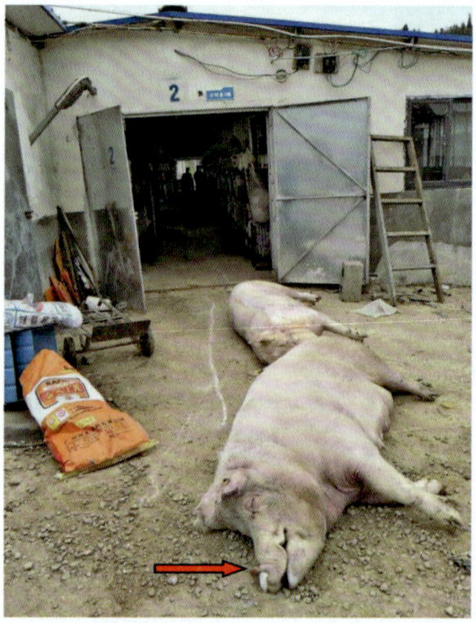

图5-19　临床猪丹毒急性发病死亡哺乳母猪，颈部腹侧、胸腹部及大腿内侧皮肤发绀，鼻孔有大量白色泡沫流出（红色箭头所示）

2. 疹块型

疹块型的临床表现为低烧，同时在皮肤上能看见红色或紫色长方形疹块，这些疹块凸出于表面，能够和周围的皮肤有清晰的界限，类似于烙印，指压褪色，后期淤血为紫红色，指压不褪色（图5-20）。经1～2周可康复，也有病猪症状恶化转变为败血症而死，但该类型猪丹毒病症死亡率比较低。

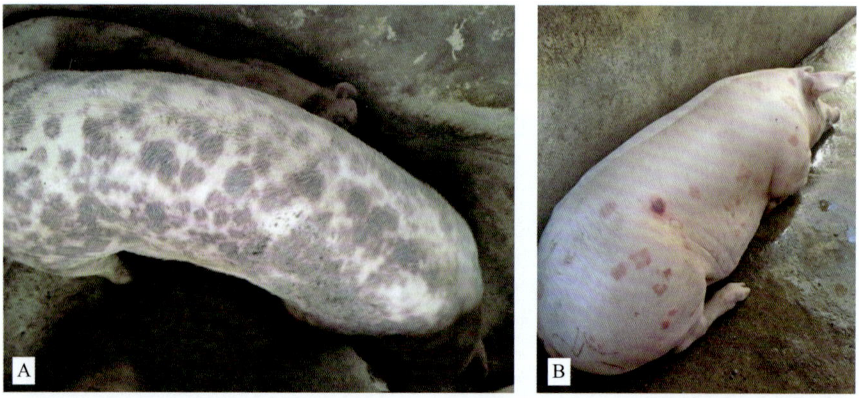

图5-20　发病猪皮肤上的不规则（A）或方形、菱形、三角形疹块（B）

3. 慢性型

猪丹毒慢性型多由急性和亚急性转变而来，主要表现为慢性疣状心内膜炎、皮肤坏死和多发性非化脓性关节炎，单纯慢性型病例较少。其中，心内膜炎型主要表现为心脏机能不全或突然死亡。而关节炎型的主要症状有跛行、步态比较僵硬，一旦受到感染将造成关节增大。此外，如果母猪患上该种病症型疾病可能造成流产。

三、病理变化

对病死猪进行剖检，发现在急性病猪的心脏内膜和外膜均有不同程度的出血点，肺脏肿胀有明显出血，肺脏呈现出暗红色，将其切开后可见在切面有大量的米粒大小的出血点。病猪的脾脏颜色呈樱桃红色，肿大，甚至可以为正常大小的2～3倍，是典型的败血脾（图5-21）。肾脏出血肿大，表面和切面可见针尖状出血点，呈弥漫性暗红色，典型的“大红肾”。肝脏变得脆弱，肿大，切开有血液流出，流出的血液凝固不良。胃和肠道都有不同程度的充血和出血，胃底腺有中毒和出血情况。周身淋巴结均出现肿大和出血等病变。亚急性死亡的病猪在将其体表疹块的表皮剥离，可见下层组织有严重的出血现象。慢性病例的病猪剖检后常见溃疡性心内膜炎，心瓣膜有灰白色菜花样赘生物，关节肿大变形，关节囊内有浆液性，纤维素性渗出物蓄积，关节严重肿大以及皮肤出现坏死等。

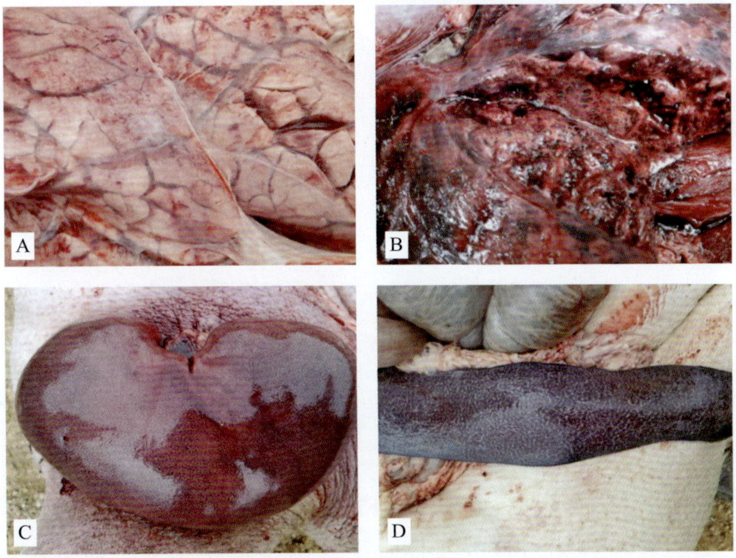

A、B. 肺小叶间隔被气体撑破；C. 肾脏瘀血、出血；D. 脾脏肿大、出血

图5-21　猪丹毒病死猪内脏器官病理变化

四、诊断

结合猪丹毒的流行病学，典型的临床症状和病理变化可做出初步诊断，若临床特征不明显，可以采血涂片镜检、细菌分离培养、PCR、酶联免疫吸附等实验室诊断方法，以便准确确诊（图5-22）。

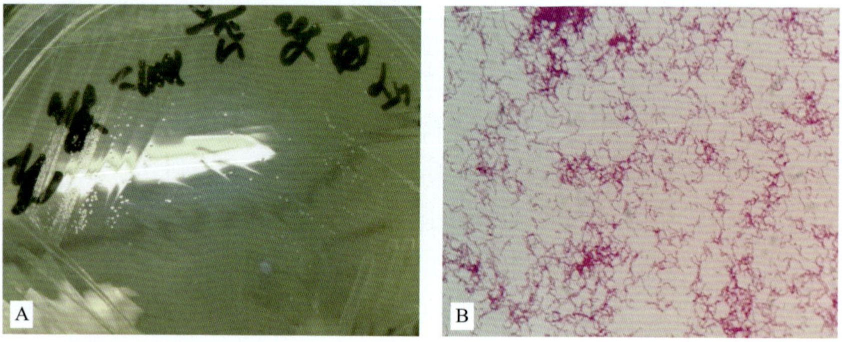

图5-22 猪红斑丹毒丝菌在血清琼脂平板上生长出针尖般大小、透明的菌落（A）；猪红斑丹毒丝菌革兰氏染色阳性（B）

五、防治

1. 治疗

对发病猪进行隔离治疗，治疗通常采用抗生素，常用的抗生素为青霉素类和头孢菌素类。青霉素类药物使用较多是阿莫西林和氨苄西林，用量分别是40 mg/kg体重和50 mg/kg体重。每天用药2次，连续使用3天后可见效。还可以配合清开灵注射液进行治疗，效果更好。对于猪群的治疗或者预防，可用阿莫西林或氨苄青霉素混饲剂拌料投喂。

2. 预防

（1）免疫接种。

猪丹毒的接种主要在春秋两季，采用猪丹毒氢氧化铝甲醛苗或猪丹毒-猪肺疫二联疫苗进行免疫接种。每年疫苗至少接种2次以上，特别是生产母猪和养殖场引种公猪要及时接种，仔猪在哺乳后期及保育期都要进行免疫接种，从而加强免疫能力，提升猪丹毒的抗体水平。但疫苗接种完毕后，在21天后需要对生猪进行猪丹毒抗体水平的检测，全面评估猪群的免疫能力。

（2）加强日常饲养管理。

改善饲养环境，圈舍清洁干燥，背风向阳，增强机体抵抗力。圈舍定期消毒，猪舍和运动场地应经常清扫，用石灰乳和碘伏等消毒药进行消毒，粪便进行无害化处理，猪圈每年做到定期消毒。坚持自繁自养，对必须引进的猪只，畜牧兽医部门应进行严格检疫，确认健康才能入群。

第十节 猪肺疫

一、病原

猪肺疫是由多杀性巴氏杆菌（*Pasteurella multocida*）引起，该菌属于巴氏杆菌科巴氏杆菌属。该菌为两端钝圆、中央微凸的短杆菌，大小为（0.5～2.5）μm×（0.2～0.4）μm，常单个存在，无鞭毛，无芽孢，无运动性，产毒株有明显的荚膜。本菌为需氧及兼性厌氧菌，在高营养培养基和血琼脂培养基上生长良好，为光滑、整齐的圆形灰白色菌落，不出现溶血。本菌对直射日光、干燥、热和常用消毒药的抵抗力均不强，在阳光的曝晒下，只能存活10 min左右；在生理盐水及无菌蒸馏水中将迅速死亡；在56℃环境下，只能存活15 min左右；在60℃的环境下，只可存活10 min；在干燥的空气环境中，可存活两三天；在3%石炭酸溶液、3%福尔马林溶液、10%石灰乳溶液、2%来苏儿溶液、0.5%～1.0%氢氧化钠溶液中仅可存活5 min左右，但在腐败的尸体中可生存1～3个月。

二、临床表现

1. 最急性型

临床上俗称“大红颈”和“锁喉风”。发病突然，潜伏期短，往往突然死亡，无任何明显的临床症状，病程稍长的猪群可持续发病1～2 d。患猪一般都呈败血症，体温快速升高达41～42℃，咽喉部明显肿胀，食欲废绝，腹部侧面以及下腹部、颈部、耳根皮肤出现指压不完全褪色的红斑；多表现出犬坐姿势，竭力伸长脖颈、呼吸困难，口鼻流出白色泡沫，有时带有血色；心跳加快，可视黏膜发绀，直至窒息死亡。最急性型的临床病例很少有能自然康复的，死亡率高达100%。

2. 急性型

除了败血症的症状外，主要症状还有纤维素性胸膜肺炎。病猪瘦弱，体温升高至40～41℃，短暂的痉挛性咳嗽，眼结膜发生化脓性结膜炎，鼻孔中有脓样黏液流出；呼吸极度困难而呈犬坐姿，伴有喘鸣音；先便秘后腹泻；胸部疼痛，听诊时有摩擦和啰音；皮肤出现红斑或者小的出血点，最后多因心脏衰竭，窒息而死。

3. 慢性型

主要呈现慢性肺炎或慢性胃肠炎。病猪持续咳嗽，呼吸困难，鼻流出黏性或脓性分泌物，胸部听诊有摩擦音。关节肿胀。时发腹泻，呈进行性营养不良，极度消瘦，最后多因衰竭致死，病程2～4周。

三、病理变化

最急性型和急性型全身黏膜、浆膜和皮下组织均有大量出血点，全身淋巴结肿胀、出血，切面肿大，皮肤有出血斑，肺出血、水肿，脾出血，胃肠黏膜出血性炎症，胸腔积液，心包膜有出血点。最急性型以喉部及周围结缔组织的出血性水肿为病变特征，切开颈部皮肤，有大量胶胨样淡黄或灰青色纤维素性浆液。急性型以纤维素性胸膜肺炎为特征性病变，肺有不同程度肝变区，胸膜与肺粘连，气管、支气管内有多量泡沫黏液。慢性型主要表现为慢性肺炎和慢性胃炎症状，尸体高度消瘦、贫血，肺肝变区扩大，有灰黄色或灰色坏死灶，内有干酪样物质，有的形成空洞。

四、诊断

根据该病临床表现出的高热、咽喉部肿胀、呼吸困难、咳嗽，以及剖检呈败血症变化、纤维素性胸膜肺炎或胃肠炎病变可初步诊断。若想进一步确诊，可进行相关的实验室诊断。无菌采取病变部组织或胸腔液、血液图片，染色后镜检，如见到两极浓染的卵圆形小球杆菌，结合临床症状可以确诊，必要时可用小鼠进行试验感染验证。此外，还可以采用镜检、细菌培养、动物试验、分子生物学的方法进一步对多杀性巴氏杆菌进行诊断。

五、防治

1. 治疗

发现病猪及可疑猪立即隔离治疗，通常选用头孢类抗生素进行治疗。有条件的情况下最好根据药敏实验结果选择敏感药物进行治疗，因巴氏杆菌易产生抗药性。如果应用某种抗生素治疗后无明显效果应立即更换。

2. 预防

（1）免疫接种。

目前国内较常使用的疫苗有猪肺疫氢氧化铝甲醛苗、猪肺疫弱毒冻干苗两种，猪氢氧化铝甲醛苗，无论生猪大小，一律皮下注射，2周后产生免疫效力，有效免疫期达半年之久。猪肺疫弱毒冻干苗，根据接种需要按比例兑水稀释，混饮水或猪饲料中饲用，有效免疫期达半年之久。

（2）加强日常饲养管理。

坚持“自繁自养”“全进全出”的饲养模式；提高饲养管理水平，均衡饲料营养；防寒降暑，减少应激；无害化处理病死猪及污染垫草。做好饲养环境的消毒工作，消灭蚊虫。严禁外来人员进出场区，工作人员进场必须更换工作服，经消毒通道进场工作。防止病毒传入，引种应来自非疫区，并严格对引进的种猪隔离饲养，待试验室检测确定无病原体感染时方可混群饲养，禁止家禽与其混养。当猪群发生猪肺疫疫情时，应及时采取紧急免疫接种、药物治疗以及隔离、消毒等工作，严格无害化处理病死猪。

第十一节 仔猪副伤寒

一、病原

仔猪副伤寒的病原主要是猪霍乱沙门氏菌和猪伤寒沙门菌。沙门菌属革兰氏阴性菌，兼性厌氧，周身具有鞭毛，能自由运动，无荚膜，不形成芽孢，寄生于肠道内。接种于普通培养基上能够良好生长，接种于麦康凯培养基上会长出无色菌落。本菌对干燥、光照等环境因素有较强的抵抗力，该属细菌可在一定程度上抵抗日光、干燥、腐败等，在外界环境中能够生存几周、几个月、甚至几年。然而该菌对热、化学消毒剂较为敏感，60℃16 min即可灭活，常规消毒药如碘制剂、氯制剂以及酚类消毒剂，均能达到消毒的目的。

二、临床症状

1. 急性型

主要是断奶后的仔猪容易发生，常突然发生死亡，多出现败血症，病猪精神沉郁，食欲减退，发热，体温升高超过41℃。病程持续稍长时，会表现出呼吸困难，腹泻，粪便带血呈灰绿色，有恶臭味，以及腹痛的症状，且耳根、腹下和胸前出现紫斑，大部分发生死亡（图5-23）。病程一般可持续1～4天不等，发病率低，但病死率很高。

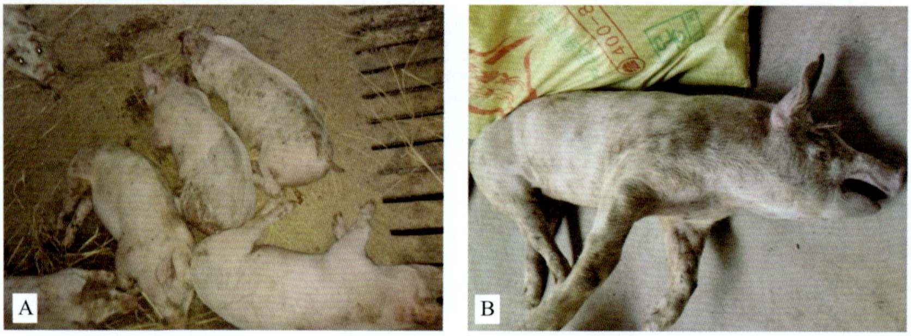

图5-23　发病仔猪精神委顿、发热（A）；皮肤发绀，部分出现呕吐、腹泻症状（B）

2. 亚急性或慢性型

病程可持续数周，终致死亡或成僵猪。病猪症状似猪瘟，表现体温升高40.5～41.5℃，精神不振，食欲减退，寒战喜卧，堆叠在一起，眼有黏性或脓性分泌物，上下眼睑黏着，角膜可见浑浊、溃疡。病初便秘后下痢，粪便淡黄色、暗绿色或淡绿色，粪便恶臭且常混有血液、坏死组织或纤维素絮片，症状时好时坏，反复发作，持续数周，最终消瘦、脱水而死。有的病猪还发生肺炎、咳嗽和呼吸加快，体温稍高或正常，后期食欲废绝，喜喝污水。由于长时间持续下痢，病猪日渐消瘦、衰弱，被毛粗乱无光，行走摇晃，最后衰竭而死，病程多在半个月以上，有的甚至长达2个月，部分病猪在病中后期出现皮肤弥漫性痂状湿疹。

三、病理变化

1. 急性（败血）型

主要表现为败血症的病理变化。体表皮肤呈淡紫色或出现紫斑，脾肿大呈暗紫色，切面呈暗蓝色，似橡皮；淋巴结肿大呈紫红色，切面呈大理石状；肝脏、肾脏肿大出血，有针尖大小灰白色坏死灶；全身黏膜和浆膜有出血点，卡他性出血性胃肠炎；肺部有卡他性炎症病变（图5-24）。

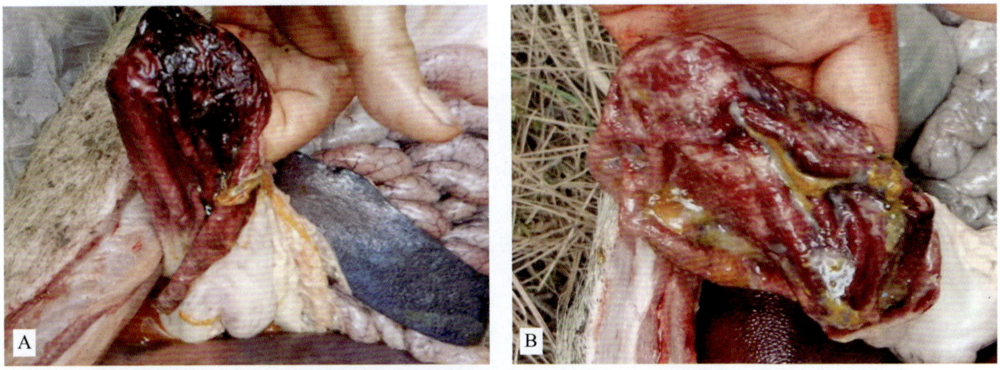

A. 发病死亡仔猪胃肠道黏膜脱落、出血；B. 脾脏局部淤血、出血，但不肿大

图5-24 发病死亡仔猪内脏病变症状

2. 亚急性型和慢性型

主要病变在盲肠、结肠和回肠，典型病变是盲肠和结肠前段黏膜的坏死或溃疡，呈现纤维素性、坏死性肠炎。表现为肠壁肿大潮红，见弥漫性坏死或大小不等的溃疡。有的病例见整个肠黏膜发生坏死或糜烂，有灰黄色麸皮样坏死物突出于表面。脾与肠系膜淋巴结肿大，有干酪样坏死，呈灰黄色。有时肺部有灰黄色干酪样结节，出现慢性卡他性炎症。肝脏、脾脏也可见针尖大小灰白色或灰黄色结节坏死灶。

四、诊断

根据流行病学、临床症状和病理变化可以做出初步诊断，确诊应进行实验室病原菌的分离、培养及鉴定。可用接种环无菌采集肠系膜淋巴结组织样品划线于血清琼脂及麦康凯琼脂平板后，倒置于37℃ 5%CO_2培养箱中培养24 h，沙门菌在血清琼脂及麦康凯琼脂平板上均有露珠状、半透明、呈圆形、湿润的菌落生长，该菌株不分解乳糖（图5-25），革兰氏染色镜检呈革兰氏染色阴性短杆菌（图5-26）。分离菌株经纯化后需进行细菌生化鉴定才能最终确诊。

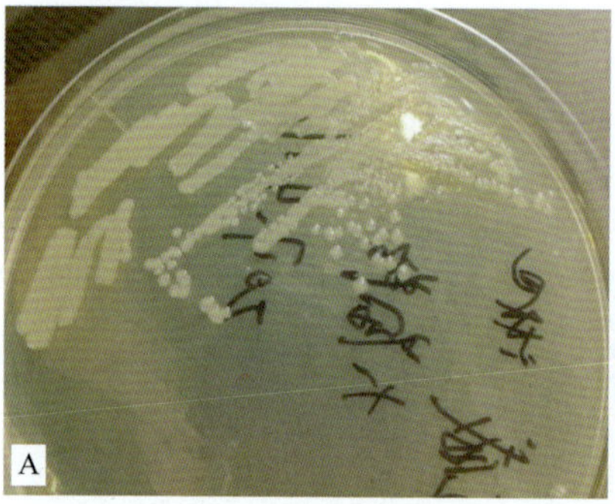
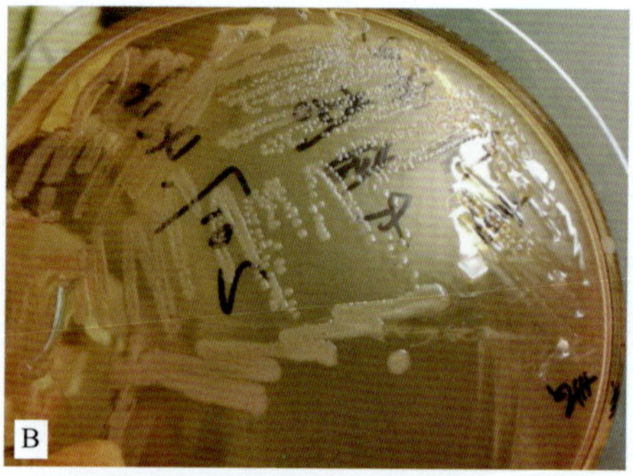

A. 血清琼脂平板上的菌落形态；B. 麦康凯琼脂平板上的菌落形态

图5-25 细菌分离培养结果

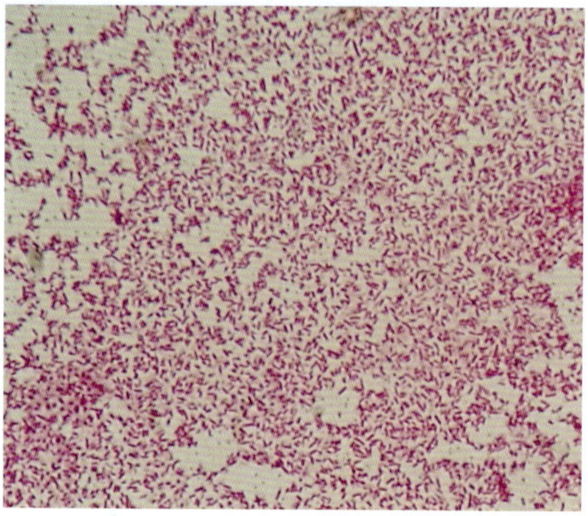

图5-26 沙门菌革兰氏染色镜检结果

五、防治

1. 治疗

对仔猪副伤寒的治疗，可采取加强护理、防寒保暖、抗菌消炎、消除病因的治疗原则。可选用头孢哌酮、氟甲喹、卡那霉素、奥索利酸、庆大霉素、依氟沙星、安普霉素、呋喃妥因等沙门氏菌敏感的抗生素进行治疗，并配合对乙酰氨基酚、双氯芬酸钠、氟尼辛葡甲胺等注射液使用。中药可选用具有清热解毒、扶正健脾、益气养阴和涩肠止泻功能的药物组方。对于处于脱水状态的猪，治疗时最好腹腔注射温的补液盐溶液，以便迅速补充体内丢失的水分和电解质，有助于缩短治疗周期。

2. 预防

（1）免疫接种。

目前免疫接种常用的疫苗是仔猪副伤寒弱毒冻干菌苗和多价副伤寒灭活菌苗。1月龄以上哺乳或断奶仔猪，用仔猪副伤寒冻干弱毒菌苗预防，先用20%氢氧化铝稀释，每头猪耳后肌内注射1 mL，免疫期9个月；口服时，按瓶签说明，服前用冷开水稀释成每头份5～10 mL，掺入料中喂服。需要注意的是，该菌苗采取注射免疫时，部分猪可能会具有较大的反应；口服免疫时，要求猪空腹服用，且确保每头服用的菌苗足够，并必须按规定对菌苗进行稀释和拌料，防止失效。如果使用从本群或者当地分离得到的菌株制成自家灭活菌苗，具有更好的免疫效果。使用疫苗接种时要注意稀释后的疫苗要在4 h内用完，且要摇匀使用。

（2）加强日常饲养管理。

猪场最好采取自繁自养，仔猪需要提前进行补料，断奶后要结合体型大小、体质强弱采取分槽饲喂，供给品质优良且易于消化的多样化饲料，并合理补充矿物质，提高机体抵抗力，禁止突然更换饲料，确保舍内通风良好，调控饲养密度适宜，避免发生应激。经常洗刷食槽和饲养管理用具，圈舍保持干燥、清洁，粪便要及时清除，做好环境消毒，以避免感染。如果发现猪群有发病时，要立即对病猪进行隔离消毒，病死猪尸体必须采取深埋处理，避免病菌扩散。

第十二节 仔猪大肠杆菌病

一、病原

仔猪大肠杆菌病又称为仔猪黄白痢，是由致病性大肠埃希氏菌所引起的一种肠道传染病，是仔猪黄痢、仔猪白痢的简称。大肠杆菌属于肠杆菌科埃希氏菌属成员，为革兰氏阴性、无芽孢、中等大小［（0.4～0.7）μm×（2～3）μm］、两端钝圆的杆菌。散在或成对存在，约50%的细菌具有周身鞭毛，能运动，部分菌株有荚膜。菌体裸露条件下对常温环境抵抗力不强，在干燥、光照（阳光、紫外线）、室温持续作用下，可在短时间内将其灭活，各种常规消毒剂作用也能有效杀灭大量病原菌。

该病原菌属于条件性致病，若仔猪营养状况及健康度良好，其消化道内正常菌群占据竞争优势，并不会引起发病；只有在“养殖环境恶化、饲喂管理不善、营养供应失衡、不良应激源刺激”等不良应激综合作用下，仔猪免疫屏障受到攻击变得脆弱时才会诱发本病。

二、临床症状

1. 仔猪黄痢

高发于1～7日龄仔猪，仔猪出生时体况正常，多在6～12 h突然一窝仔猪中有1～2头发病死亡，随后其他仔猪亦相继发病，排黄色糊状稀便，常含有小气泡或凝乳块，有腥臭味，肛门冒出稀粪，次数频繁，肛门松弛，不由自主流出稀粪（图5-27）。仔猪精神沉郁，渴欲增强，较难正常站立，共济失调，部分甚至只能够卧地不起，双眼紧闭，不能够吮乳，随后迅速消瘦、衰竭昏迷而死亡。

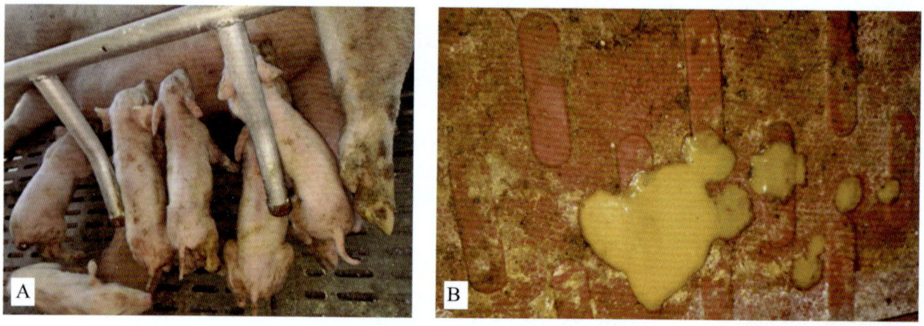

A. 腹泻仔猪臀部或全身被毛被腹泻粪便污染；B. 腹泻粪便呈黄色稀便

图5-27 仔猪黄痢临床病变

2. 仔猪白痢。

多见于10～30日龄仔猪，同窝发病仔猪表现精神不振、扎堆、畏寒、肌群震颤、脱水，吃奶减少或不吃，有时见有吐奶。仔猪突然拉稀，同窝相继发生，排乳白色、灰白色或淡黄白色，腥臭、糊状或浆状粪便。病程通常可持续2～3天，长时可超过1周，死亡率低，往往能够自行康复，但生长发育不良，多因反复发作而形成僵猪，严重时，患猪粪便失禁，1周左右死亡。

三、病理变化

1. 仔猪黄痢

病死仔猪脱水严重。胃肠道黏膜上皮变性、坏死。胃膨胀，胃黏膜潮红、肿胀，有的出血；肠壁变薄、松弛；肠系膜淋巴结肿大、充血；心、肝、肾有不同程度的变性和小的凝固性坏死灶；脾淤血等。

2. 仔猪白痢

病死猪消瘦、脱水。胃内有少量凝乳块；肠黏膜潮红，肠内容物为黄白色，肠壁变薄，有的充血、出血；肠系膜淋巴结肿大、出血；肝脏肿大，胆囊充盈；心冠状沟脂肪胶样浸润，心肌柔软；肾苍白色。

四、诊断

根据流行情况、特有的临床症状，即以5日龄以内的乳猪大批发病，排出黄色稀便，发病率和死亡率高以及特有的病理变化，可做出初步诊断。若从病死猪肝脏、肾脏及肠系膜淋巴结、腹股沟淋巴结，以及肠内容物及粪便中分离出致病性大肠杆菌，而且证实大多数菌株具有黏着素K抗原和能产生肠毒素，则可确诊。

五、防治

1. 治疗

治疗过程中有条件的养殖场，应该结合药敏试验结果选择具有针对性的抗生素进行对症治疗。发病之后应该将患病猪单独隔离养殖，采用抗菌、补液、止泻、助消化等原则进行治疗。在进行药物治疗过程中，一定要保证合理的治疗周期，使得猪体内的药物维持在较高的水平上。

2. 预防

（1）免疫接种。

针对性接种大肠杆菌腹泻疫苗K88、K99、987P三价灭活菌苗，或大肠杆菌K88、K99双价基因工程灭活苗，一般于母猪产前30天免疫1次，即可促使母子获得有效被动免疫抗体保护。

（2）加强日常饲养管理。

强化临产母猪精细化管理，保持母猪良好的健康度有利于减少胎生仔猪发病率；接助产全程须由专业技术人员规范化操作，避免产前、产中造成任何感染；保证出生1～3天内仔猪吃足初乳，使其充分获得有效母源抗体保护，增强体质和免疫力，减少发病。抓好仔猪舍清扫保洁及消毒灭源工作，在母猪临产期要注意清洁体表，接产及哺乳全程坚持无菌操作，有效降低本病感染率，同时要视四季气候条件特点，秋冬季做好保温、防寒、防贼风，夏季抓好降温、控湿、通风，以减少发病。

建议定期对猪场饮用水水源、储水池及水嘴取样进行水质检测，一旦发现水样细菌总数或大肠埃希菌指数超标，应立即采取清洗、消毒措施，如净化或替换水源供给、彻底清洗消毒储水池及饮水管道，或向储水池定时定量投放次氯酸盐类消毒杀菌剂。

使用中药预防，仔猪出生后，给母猪喂服，可有效预防仔猪腹泻；哺乳仔猪腹泻，同样给母猪喂服，通过乳汁给药，可有效治疗仔猪腹泻。利用微生物制剂预防，如益生菌可调节仔猪肠道微生态平衡，从而抑制大肠杆菌。采用“高纯黄芪多糖+复方电解多维+高敏抗生素”内服，于每月初连喂3～5天，能有效预防本病。

参考文献

陈春林，2019. 仔猪副伤寒治疗[J]. 四川畜牧兽医，46（11）：54-54.
邓俊花，林祥梅，吴绍强，2017. 非洲猪瘟研究新进展[J]. 中国动物检疫，34（8）：66-71.
樊丽芳，刘影，2019. 猪口蹄疫防治现状及优化对策[J]. 畜牧兽医科学（15）：69-70.
方玉勤，陈丽，2017. 猪传染性胃肠炎临床诊断及防治[J]. 中国畜牧兽医文摘，33（5）：201.
高前，2018. 仔猪黄白痢的防治[J]. 中国畜牧兽医文摘，34（3）：161.
葛庆波，赵庆一，2017. 猪繁殖与呼吸综合症的病原、症状、诊断及防控措施[J]. 现代畜牧科技（2）：140.
巩庆亮，刘海防，吕品，等，2006. 猪巴氏杆菌病的诊治与体会[J]. 今日畜牧兽医（11）：25-27.
郭凯，杨景晁，杲双，2012. 猪圆环病毒的诊断与预防[J]. 山东畜牧兽医，33（3）：45.
韩德跃，2017. 猪口蹄疫的诊断和防治方法[J]. 当代畜禽养殖业（5）：54.
杭小剑，曹文华，陈秀芳，2016. 中小规模猪场猪丹毒病的防治措施[J]. 畜牧兽医科技信息（12）：82.
和春花，2016. 猪丹毒的综合防治[J]. 中国畜牧兽医文摘，32（5）：145.
侯志英，2018. 猪丹毒病的发病原因及防治[J]. 中国动物保健（5）：16.
黎伟才，2016. 浅谈猪瘟的诊断与防治措施[J]. 中国畜牧兽医文摘，32（1）：121-122.
李关德，2017. 猪肺疫的诊断与治疗[J]. 中国畜牧兽医文摘（12）：189.
李洁萍，曾凉雄，尹杰，等，2014. 猪沙门氏菌病的危害及其防制[J]. 中国动物保健（9）：39-41.
李小雨，2018. 猪繁殖与呼吸综合症的流行病学、临床症状、诊断和防治[J]. 现代畜牧科技（3）：75.
李晓辉，2017. 猪繁殖与呼吸综合症的诊断方法及防治措施[J]. 现代畜牧科技（5）：8-9.
梁振杰，2017. 中西医相结合防治猪流行性腹泻[J]. 中国动物保健，19（2）：11.
廖万银，2015. 浅谈猪瘟的诊断与防治[J]. 兽医导刊，16：133-134.
林素尾，2019. 如何诊断与防治猪传染性胃肠炎[J]. 现代农业（12）：63-63.
刘保红，2018. 猪伪狂犬病和大肠杆菌病混合感染的诊治[J]. 中国猪业，13（8）：53-54.
刘家慧，何昶熙，2018. 浅谈猪伪狂犬病的发生及防治[J]. 中国畜牧兽医文摘，34（5）：168.
刘金波，2016. 规模化猪场疾病防控方案[J]. 当代畜牧（7Z）：1.
刘梅芬，刘影，王翠，等，2019. 非洲猪瘟的扩散风险点及防控对策[J]. 中国动物检疫，36（2）：47-49.
刘亚慧，2019. 一例仔猪黄痢的诊断和治疗效果观察[J]. 兽药市场指南（4）：37-39.
路超，张莉，王利丽，等，2015. 猪传染性胃肠炎病毒和猪流行性腹泻病毒二重PCR检测方法的建立[J]. 中国畜牧兽医，42（6）：1377-1382.
路秀梅，2018. 猪传染性胃肠炎的诊断与防控[J]. 畜牧兽医科技信息（3）：106.
罗婧，2018. 仔猪伪狂犬病的诊治[J]. 畜牧兽医科技信息（8）：82.
罗绍兴，2019. 猪蓝耳病防治措施[EB/J]. 畜牧兽医科学（7）：68-69.
马应卓，2019. 猪口蹄疫病的诊断和防治方法分析[J]. 畜禽业，30（7）：85-87.
秦贤珍，2017. 浅谈规模养殖场养殖环节生物安全管理措施[J]. 中国畜牧兽医文摘，33（1）：26.
邱志雄，2015. 猪瘟的诊断与防治[J]. 中国畜牧兽医文摘（7）：117-118.
邵巧艳，2018. 仔猪黄痢的预防与治疗[J]. 中兽医学杂志（4）：78.
沈思思，汤承，岳华，等，2017. 四川某猪场仔猪腹泻病的病原学诊断[J]. 四川畜牧兽医，44（2）：34-36.
史秀玲，2016. 仔猪副伤寒的病因、临床症状与防治措施[J]. 现代畜牧科技（8）：115.

孙素芳，朱凤霞，2018. 猪圆环病毒病流行病学调查探讨[J]. 畜禽业，29（8）：97-97.
覃绍腾，2017. 探讨猪传染性胃肠炎的防治对策[J]. 科技资讯，15（28）：96-97.
谭艳，王桂香，2018. 仔猪黄痢的流行病学、临床症状、诊断和防治措施[J]. 现代畜牧科技，37（7）：78.
王翠萍，2016. 仔猪黄白痢的流行特点及防治措施[J]. 中国动物保健，18（9）：35-36.
王丹，2018. 猪圆环病的诊断与防治要点探讨[J]. 农民致富之友（6）：217.
王法恩，2017. 猪口蹄疫病的诊断和防治方法[J]. 当代畜禽养殖业（1）：26.
王焕杰，2019. 集约化饲养条件下猪丹毒的应对措施[J]. 中国动物保健，21（6）：22-23.
王会灵，2017. 猪流行性腹泻疫病诊断与治疗[J]. 中国畜禽种业，13（9）：119-120.
王吉春，2017. 猪肺疫诊断与防治分析[J]. 中国畜禽种业（12）：129-130.
王佳贵，肖冠华，2009. 高效健康养殖关键技术[M]. 北京：化学工业出版社.
王剑，2019. 猪伪狂犬病的诊治[J]. 今日畜牧兽医，35（2）：92.
王利兵，2017. 猪圆环病毒病的流行趋势与防控对策[J]. 中国动物保健（10）：61-62.
王林云，2004. 养猪词典[M]. 北京：中国农业出版社.
王琴，2010. 我国猪瘟的分子流行病学监测及防控[J]. 猪业科学（1）：82-84.
王晓英，2017. 猪口蹄疫病的诊断和防治方法[J]. 农家参谋（13）：202.
王郁，刘强，赵光伟，等，2014. 猪传染性胃肠炎的临床诊断与防治措施[J]. 当代畜牧（29）：68-69.
魏刚才，苗志国，2009. 怎样科学办好中小型猪场[M]. 北京：化学工业出版社.
吴文斌，2019. 猪圆环病毒病流行与防控[J]. 中国畜禽种业，15（1）：160.
夏兴建，顾城均，贾恩泽，2019. 猪肺疫的危害及防治[J]. 中国畜禽种业，15（1）：26-27.
肖剑，2018. 仔猪副伤寒的诊断和综合防治措施[J]. 兽医导刊（2）：171.
肖凯，宋琳，2016. 猪流行性腹泻的诊断与防治概述[J]. 山东畜牧兽医，37（1）：55-56.
熊家军，李家连，张苗苗，2009. 健康养猪关键技术精解[M]. 北京：化学工业出版社.

徐苏标，2016. 猪伪狂犬病的防控策略及净化方案[J]. 国外畜牧学：猪与禽，36（6）：19-22.

许贵新，陆江宁，2012. 规模猪场猪蓝耳病的防控措施与体会[J]. 中国畜牧兽医文摘，28（4）：121.

许振英，1979. 家畜饲养学[M]. 北京：中国农业出版社.

杨才合，2018. 一例猪肺疫感染的诊断[J]. 畜禽业，29（7）：90.

杨汉春，2015. 2014年猪病流行情况与2015年流行趋势及防控对策[J]. 猪业科学，32（2）：38-40.

杨艳艳，2014. 针对本地区猪瘟的诊断及防治办法[J]. 农家科技（下旬刊）（11）：145.

尹玉芹，2015. 猪圆环病的诊断与防治措施[J]. 山东畜牧兽医（6）：46.

袁明忠，2019. 论猪丹毒诊断与防治措施[J]. 中国畜禽种业，15（1）：123.

岳东旭，2017. 仔猪副伤寒的综合防治[J]. 中兽医学杂志（3）：65.

湛小光，2017. 仔猪副伤寒的临床症状和防治措施[J]. 当代畜牧（33）：58-59.

张锋，2018. 猪流行性腹泻疫病诊断与治疗[J]. 畜禽业，29（9）：100.

张龙志，1979. 养猪学[M]. 北京：中国农业出版社.

张贤芬，2019. 非洲猪瘟流行特点、预防及防控对策[J]. 今日畜牧兽医，35（10）：16-17.

张焰洪，尹子凤，周先文，2019. 非洲猪瘟的流行传播特点及防控策略[J]. 现代畜牧科技（11）：68-69.

张增帅，2019. 猪传染性胃肠炎的诊断与防治技术[J]. 当代畜禽养殖业，436（1）：33.

张宗领，2017. 猪肺疫诊断及防治措施[J]. 中国畜禽种业，13（3）：104.

赵美英，2019. 猪丹毒病的检疫要点及防控措施分析[J]. 农民致富之友（11）：160.

周科华，2019. 猪大肠杆菌病的类型与防控[J]. 农家参谋（14）：153.

周香锦，任敬姗，2018. 猪蓝耳病的诊断及防治措施[J]. 乡村科技（22）：112-113.

PILERI E，MATEU E，王学强，2017. 猪繁殖与呼吸综合征病毒（PRRSV）传播的研究进展及其对免疫程序的影响[J]. 中国猪业，12（4）：37-41.

ACHENBACH J E, GALLARDO C, NIETO-PELEGRÍN E, et al., 2017. Identification of a new genotype of African swine fever virus in domestic pigs from Ethiopia[J]. Transboundary and Emerging Diseases, 64（5）: 1393–1404.

JULEFF N, WINDSOR M, REID E, et al., 2008. Foot-and-mouth disease virus persists in the light zone of germinal centres[J]. PloS One, 3（10）: e3434.

LARSKA M, WERNERY U, KINNE J, et al., 2009. Differences in the susceptibility of dromedary and Bactrian camels to foot-and-mouth disease virus[J]. Epidemiology & Infection, 137（4）: 549–554.

MORILLA A, YOON K J, ZIMMERMAN J J, 2002. African swine fever[M]. In: Trends in Emerging Viral Infections of Swine. Iowa: Iowa State University press, 119–124.

PEJSAK Z K, TRUSZCZYNSK I M, 2006. Aujeszky' s disease（Pseudorabies）[M]. In: Diseases of Swine, Ninth Edition, Straw B E, Zimmerman J J, D'Allaire S, et al., eds, Oxford, UK: Blackwell Science, 419–433.

SÁNCHEZ-VIZCAÍNO J M, 2006. African swine fever[M]. In: Diseases of Swine. Ninth Edition, Straw B, D, Allaire S, Mengeling W, Taylor D, eds. Iowa State University, USA, 291–298.

SÁNCHEZ-VIZCAÍNO J M, MARTÍNEZ-LÓPEZ B, MARTÍNEZ-AVILÉS M, et al., 2009. Scientific Review on African Swine Fever[R]. CFP/EFSA/AHAW/2007/02, 1–141.

TU C C, LU Z J, LI H W, et al., 2001. Phylogenetic Com-parison of Classical Swine Fever Virus in China[J]. Virus Research, 81（1/2）: 29–37.

VINUEL A E, 1985. African swine fever[J]. Current Topics in Microbiology and Immunology, 116: 151–170.

WHO, 2012. Manual of Diagnostic Tests and Vaccines for Terrestrial Animals[M]. 7th Edition. France Paris: The World Organisation for Animal Health（OIE）.